U0077553

博碩文化

超高效！
Python×
Excel
資料分析自動化

輕鬆打造你的
完美工作法！

👍 **推薦給喜歡的讀者**

⚙ 想大幅改善資料分析的工作效率的人
⚙ 有大量解讀圖表及報表的資料分析需求的人
⚙ 想熟悉Python結合Excel資料分析實例的人
⚙ 追求自動化實作樞紐分析表、視覺化統計圖表的人

吳燦銘 著

提昇*Excel*資料分析的工作效率讓*Python*幫你實現！

⚙ 通過**Python**自動化，讓繁瑣的**Excel**工作也能變得更容易！
⚙ **Python**終極省時技巧，讓大量**Excel**數據處理瞬間完成！

超高效！
Python × Excel 資料分析自動化
輕鬆打造你的完美工作法！

作　　者：吳燦銘
責任編輯：賴彥穎 Kelly

董 事 長：陳來勝
總 編 輯：陳錦輝

出　　版：博碩文化股份有限公司
地　　址：221 新北市汐止區新台五路一段 112 號 10 樓 A 棟
　　　　　電話 (02) 2696-2869　傳真 (02) 2696-2867

郵撥帳號：17484299　戶名：博碩文化股份有限公司
博碩網站：http://www.drmaster.com.tw
讀者服務信箱：dr26962869@gmail.com
訂購服務專線：(02) 2696-2869 分機 238、519
（週一至週五 09:30 ～ 12:00；13:30 ～ 17:00）

版　　次：2022 年 4 月初版
　　　　　2022 年 12 月初版二刷
建議零售價：新台幣 600 元
I S B N：978-626-333-085-6（平裝）
律師顧問：鳴權法律事務所 陳曉鳴 律師

本書如有破損或裝訂錯誤，請寄回本公司更換

國家圖書館出版品預行編目資料

超高效 !Python x Excel 資料分析自動化：輕鬆打造你
的完美工作法！/ 吳燦銘 著 . -- 初版 . -- 新北市：博碩
文化股份有限公司，2022.04
　　面；　公分
　　ISBN 978-626-333-085-6（平裝）

1.CST: Python(電腦程式語言) 2.CST: EXCEL(電腦
程式)

312.32P97　　　　　　　　　　　　111005113

Printed in Taiwan

博碩粉絲團　歡迎團體訂購，另有優惠，請洽服務專線
(02) 2696-2869 分機 238、519

序言

　　資料分析是一種有明確目的，再從資料收集、加工、資料整理，並藉助分析工具來取到你想要的資訊，或以圖表來展現分析的結果，藉以輔助資料趨勢預測或商業的決策。資料分析的主要目的，就是希望透過資料分析的過程，來取得原先設定的資料分析目標。

　　資料分析的工具相當多，例如：Excel、Power BI、Python、R 語言、VBA…等，如果是強調圖表解讀及報表製作的商業需求，就可以選擇 Power BI、Excel、Tableau 等工具，但是如果想大幅提高資料分析的高效工作術，建議採用 Python 結合 Excel 來進行資料分析。

　　本書在章節架構安排上分三大重點：資料分析與 Python 基礎語法、以 Python 實作 Excel 資料分析及資料分析實務應用案例。

　　首先第一章到第四章會從資料處理與資料分析開始談起，接著介紹常見的資料分析工具，並說明為何要選擇 Python 結合 Excel 來作為資料分析的工具？同時也會比較 Python 與 Excel VBA 這兩種資料分析工具的優劣，除了 Python 語法快速入門外，也會說明各種 Python 資料分析內建模組與外部模組（os、pathlib、csv、openpyx1、pandas、numpy 等），熟讀這些章節，相信各位就具備以 Python 實作 Excel 資料分析的基本能力。

　　第五章到第九章介紹如何利用 Python 取得 Excel 資料並進行整理工作，包括資料匯入、新增、讀取、預覽、檔案資訊查看、指定欄位類型、缺失值（或重複值、異常值、空值填充）整理、移除重複、索引設定、資料選取、資料運算、資料取代、數值排序…等，除了資料處理工作外，也會介紹如何以 Python 進行 Excel 的工作表與儲存格操作、範圍選取、格式套用、設定格式化條件、設定色階…等，其它更實用的知識點包括資料分組、樞紐分析、分組統計、彙總運算、視覺化統計圖表繪製、多張工作表串接與合併…等。

　　最後一章包括三個資料分析案例，其中「基金操作績效資料分析」案例，會示範如何用 Python 自動化讀取 Excel 檔，並將讀取資料儲存成新的 .xlsx 檔。另外也會以「股票獲利績效及價格變化」與「中小企業各事業體營運成果」兩個案例，示範如何利用 Python 的 openpyxl 函式庫，根據股票交易操作績效及中小企業各事業體的業績收入的 Excel 來源資料，自動繪製出各式各樣的統計圖表，包括獲利績效長（橫）條圖與堆疊長條圖、洞察股票價格變化折線圖、事業體收入佔比圖餅圖、各季股票操作績效平面（及 3D）區域圖、投資效益的雷達圖…等。

　　本書盡量在文句表達上簡潔有力，邏輯清楚闡述為主，所舉的例子簡明易懂，並提供完整的程式碼供各位實作練習，希望本書可以幫助各位以 Python 實作 Excel 資料分析輕鬆上手。

目 錄

CHAPTER

05 資料取得與資料整理 5-1

CHAPTER 06　範圍選取與套用格式 6-1

CHAPTER
07 資料分組與樞紐分析 7-1

CHAPTER
08 視覺化統計圖表繪製 8-1

CHAPTER

09　多張工作表串接與合併 9-1

CHAPTER

10 實務資料分析研究案例 10-1

資料處理與資料分析

▼ ▼ ▼

大數據時代的到來，正在翻轉了現代人們的生活方式，自從 2010 年開始全球資料量已進入 ZB（zettabyte）時代，並且每年以 60%~70% 的速度向上攀升，面對不斷擴張的巨大資料量，正以驚人速度不斷被創造出來的大數據，為各種產業的營運模式帶來新契機。

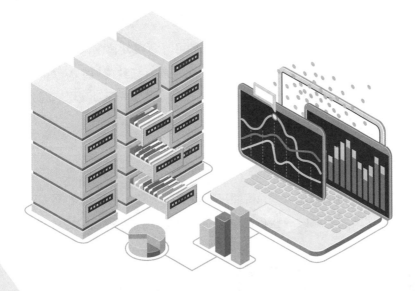

巨量資料議題的崛起，不斷地推動著這個世界往前邁進，「資料」在未來只會變得越來越重要，涉入我們生活的程度越來越深，也帶動了資料科學應用的需求。在尚未開始說明巨量資料之前，我們先來簡單介紹資料科學（Data Science）。由於巨量資料不僅在數量上變多，而且日益複雜，面對越來越龐大的資料，需要更有效率的方法來從中萃取出有價值的資訊，這些特徵也引領資料科學在這些新興資料型態的分析技術有著重大發展。

1-1　資料科學簡介

所謂資料科學（Data Science）實際上其涉獵的領域是多個截然不同的專業領域，也就是在模擬決策模型。資料科學可為企業組織解析巨量資料當中所蘊含的規律，就是研究從大量的結構性與非結構性資料中，透過資料科學分析其行為模式與關鍵影響因素，來發掘隱藏在巨量資料背後的商機。

資料科學的最基本元素，當時是資料（Data），或者稱為數據，台灣通常翻譯成「資料」，中國翻譯成「數據」。從字義上來看，所謂資料（Data），指的就是一種未經處理的原始文字（Word）、數字（Number）、符號（Symbol）或圖形（Graph）等，它所表達出來的只是一種沒有評估價值的基本元素或項目。例如姓名或我們常看到的報紙上的文字、學校的功課表、員工出勤表等等、通訊錄等等都可泛稱是一種「資料」（Data）。

通常依照計算機中所儲存和使用的對象，我們可將資料分為兩大類，一為數值資料（Numeric Data），例如 0,1,2,3…9 所組成，另一類為文數資料（Alphanumeric Data），像 A,B,C…+,* 等非數值資料（Non-Numeric Data）。資料又可以區分為：結構化資料（Structured Data）與非結構化資料（Unstructured Data）。

1-1-1　結構化資料

結構化資料（Structured Data）的特性是目標明確，有一定規則可循，每筆資料都有固定的欄位與格式，偏向一些日常且有重覆性的工作，例如薪資會計作業、員工出勤記錄、進出貨倉管記錄，通常一般商業交易所使用的資料大抵是以結構化資料為主。

姓名	性別	生日	職稱	薪資
李正衛	男	61/01/31	總裁	200,000.0
劉文沖	男	62/03/18	總經理	150,000.0
林大牆	男	63/08/23	業務經理	100,000.0
廖鳳茗	女	59/03/21	行政經理	100,000.0
何美菱	女	64/01/08	行政副理	80,000.0
周碧豫	女	66/06/07	秘書	40,000.0

▲ 員工個人資料表就是一份結構化資料

1-1-2 非結構化資料

非結構化資料（Unstructured Data）隨著科技型態快速改變，導致資料爆增速度變快，人類活動的軌跡越來越能夠被詳實記錄，目標不明確，不能數量化或定型化的非固定性工作、讓人無從打理起的資料格式，所有的資料，最初本質就是非結構式的，網路走過必留痕跡，例如社交網路的互動資料、網際網路上的文件、影音圖片、網路搜尋索引、Cookie 紀錄、醫學記錄等資料。

> **TIPS** Cookie 是網頁伺服器放置在電腦硬碟中的一小段資料，例如用戶最近一次造訪網站的時間、用戶最喜愛的網站記錄以及自訂資訊等，這些資訊可用於追蹤人們上網的情形，並協助統計人們最喜歡造訪何種類型的網站。

1-2 淺談資料分析與應用

資料分析，簡單的說，就是分析資料，它是一種有明確目的，再從資料收集、加工、資料整理，並藉助分析工具來取到你想要的資訊，或以圖表來展現分析的結果，進行輔助資料趨勢預測或商業目的的決策。資料分析的主要目的，就是希望透過資料分析的過程，來取得原先設定資料分析的目的，例如由統計圖表的展現可以看出股價獲利的成效。

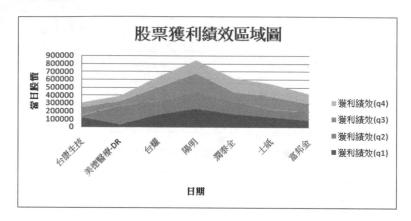

又例如從所取得的資料中去依各分公司的業績進行加總，來取得哪些分公司的績效最佳，又哪些分公司的業務能力有待加強。

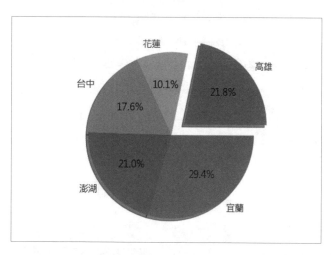

接著我們來談資料分析價值與應用，以商業應用的角度來說，資料分析的價值可以幫助我們了解客戶的行為，再來修正企業的行銷策略。經由資料分析的產出結果，我們得到的結論，可以更加清楚自身產品的優劣、市場的年齡層定位、廣告活動的成效…等。

1-2-1　了解客戶的行為投其所好

　　用於理解目標客戶、族群都是一種常見的資料分析應用，對一個企業而言，我們可以針對客戶的交易紀錄或社交軟體所取得的數據進行分析，進而了解客戶的喜好及購物行為，並進一步修正廣告投放的策略，可以有利提供更精準滿足客戶的需求。例如如果在網站安裝 Google Analytics 的追蹤碼，在預設的情況下就會提供許多相當實用的指標及有價值的資訊，例如包括網站流量、訪客來源、行銷活動成效、頁面拜訪次數、訪客回訪…等，這些資訊不需要事先規劃就可以在 Google Analytics 提供的多種報表中找到這些寶貴的資訊。

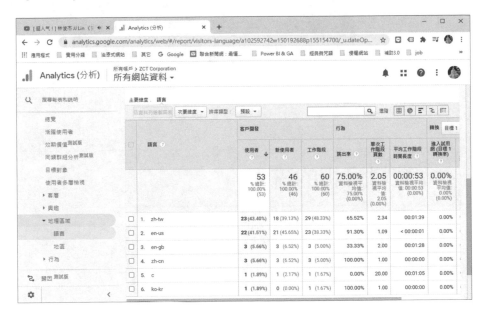

1-2-2　修正行銷方案提升業績

　　經由資料分析的結論，除了上述所談的理解客戶之後，也可以用來了解公司產品的競爭優勢或各分公司或業務主管的經營成效，以作為提升產品優勢或優化業務流程，減少不必要的成本，並精確地找出更有產能的產品或人員的規劃，進行修正網路行銷的策略及資源分配。對現代企業而言存在著無限的可能，全球電子商務的產值年年突破預期，阿里巴巴董事局主席馬雲更大膽直言電子商務將取代實體零售主導地位，佔據整體零售市場 70% 以上的銷售額。

1-3 資料分析的流程

一般而言資料分析的流程大概包括底下幾個階段：

➡ 階段 1. 先行確定資料分析的目的

➡ 階段 2. 匯入資料或自行鍵入資料

➡ 階段 3. 熟悉資料並進行資料處理工作

➡ 階段 4. 搭配工具分析資料並產出所需的數據

➡ 階段 5. 將所收集到的資訊以總表或圖表方式呈現

➡ 階段 6. 作出資料分析的結論

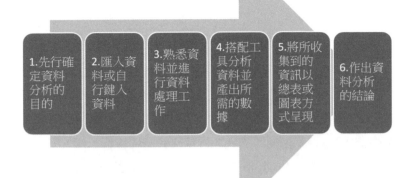

▲ 資料分析的流程

1-3-1　先行確定資料分析的目的

　　要進行資料分析工作之前，首先必須先明確定出為什麼要進行資料分析，主要的目的為何，如此一來才能透過自己熟悉的資料分析工具去取得所需要的資料，再根據資料分析的目的，輸出成摘要總表或樞紐分析表，也可以將所得到的資料改以適合的圖表類型來展示。

　　例如本書中我們將會討論的「基金操作績效資料分析」的最後統計資料分析總表。我們希望利用 Python 來讀取工作表內容，並進行統計分析，主要的工作是統計各隊的獲利金額及列出各位指導老師所指導隊伍的獲利金額，再將這些計算而得的資訊，以全新工作表來加以填入，當完成所有指定欄位的數值設定工作之後，再以另外一個 Excel 檔案名稱來加以儲存。右圖就是本章所討論的「基金操作績效資料分析」的最後統計資料分析總表。

	A	B	C	D	E	F
1	指導老師	指導隊名	獲利基數	各隊績效	總基數	帶領績效
2	許伯如	財運旺旺	76	152800	267	600700
3		福星高照	73	158500		
4		五路財神	118	289400		
5	吳建文	所向無敵	589	1682700	829	2182700
6		一飛衝天	240	500000		
7	陳昭蓉	成功達陣	102	208200	456	900600
8		正常發揮	156	296400		
9		財金美女	198	396000		
10					總金額	3684000

Sheet

1-3-2　匯入資料或自行鍵入資料

　　清楚了自己的資料分析目的後，接下來的工作就是取得資料，根據資料分析目的的不同，收集資料的方式除了可以自己輸入，要取得的資料來源型態相當多元，各位也可以從各政府單位所提供開放性資料來取得，或是從 Excel 工作表載入讀取或是從資料庫中取得。包括 Access 資料庫、MySQL、Oracle、Excel 工作表、CSV、XML、JSON、線上資料庫、開放資料（Open Data）…等，由於資料數據的來源管道相當多元，在建立視覺化圖表的工作之前，各位最好可以將資料先行進行整理與彙整，Excel 軟體非常適合進行資料的整理工作，如果沒有適當整理，可能會造成缺值或不適合匯入的格式，就容易造成在進行數據分析或視覺化圖表等工作發生不可預期的錯誤產生。

> **TIPS**　開放資料（Open Data）是一種可以被自由使用和散佈的資料，這些資料不受著作權等相關法規及其他管理機制所限制，可以自行出版或是做其他的運用，雖然有些開放資料會要求使用者標示資料來源與所有人，但大部份政府資料的開放平台，是可以自由取得。

▲ https://data.gov.tw/ 政府資料開放平台

例如我們可以利用 Python 套件來將 Excel 活頁簿檔案的工作表匯入，事實上匯入外部資料除了可以匯入 .xlsx 的 Excel 活頁簿檔案，也可以匯入「.csv」、「.txt」格式的外部資料。接著就可以利用 Pandas 套件的各種方法來查看資料表大小或資料類型來事前熟悉資料的基本資訊。

1-3-3　熟悉資料並進行資料處理工作

談到資料處理，首先就必需了解何謂資料（Data）與資訊（Information）。從字義上來看，所謂資料（Data），指的就是一種未經處理的原始文字（Word）、數字（Number）、符號（Symbol）或圖形（Graph）等，它所表達出來的只是一種沒有評估價值的基本元素或項目。例如姓名或我們常看到的課表、通訊錄等等都可泛稱是一種「資料」（Data）。通常依照計算機中所儲存和使用的對象，我們可將資料分為兩大類，一為數值資料（Numeric Data），例如 0,1,2,3…9 所組成，可用運算子（Operator）來做運算的資料，另一類為文數資料（Alphanumeric Data），像 A,B,C…+,* 等非數值資料（Non-Numeric Data）。

當資料經過處理（Process）過程，例如以特定的方式有系統的整理、歸納甚至進行分析後，就成為「資訊」（Information）。而這樣處理的過程就稱為「資料處理」（Data Processing）。

從嚴謹的角度來形容－「資料處理」，就是用人力或機器設備，對資料進行有系統的整理如記錄、排序、合併、整合、計算、統計等，以使原始的資料符合需求，而成為有用的資訊。

不過各位可能會有疑問：「那麼資料和資訊的角色是否絕對一成不變？」。這到也不一定，同一份文件可能在某種況下為資料，而在另一種狀況下則為資訊。

例如美伊戰爭的某場戰役死傷人數報告，對你我這些平民百姓而言，當然只是一份不痛不癢的「資料」，不過對於英美聯軍指揮官而言，這份報份可就是彌足珍貴的「資訊」。

當取得資料後，還沒有開始安排資料的處理工作之前，有我們有必要事先進行這些數據資料的預處理工作，例如缺失值或異常值的處理、多餘空白的刪除、重複資料的取捨…等資料的初步檢查工作，接著還可以進一步熟悉資料各種欄位的資料，再依自己資料分析的目的，取得自己所需要的欄位。這裡所謂的缺失值，通常是某些欄位少了資料，這種情況下就可以依資料欄位的類型預先填入預設的資料值，例如將所有空白欄位以數值 0 取代或是將所有空白欄位的那一列刪除等，這些工作可以直接在 Excel 進行操作，也可以透過 Python 語言的相關套件所支援的指令來加以處理。

例如在 Python 程式語言中的 pandas 外部模組有一個叫做 dropna() 的函式可以幫我們刪除 NaN 的資料！這個函數會刪除掉有缺失值的列，再將資料回傳。例如下圖會先查詢有哪些列包含有 NaN 的值，接著再利用 dropna() 函式將該列刪除。從下圖中可以看出有兩列有 NaN 的值，經過執行 dropna() 函式後，就可以看出這兩列已被刪除。

```
直接由 print 函數就可以查看缺失值:
        書名      定價      數量
0      C語言     500.0     50.0
1    C++語言      NaN     100.0
2      C#語言     580.0    120.0
3    Java語言     620.0     NaN
4   Python語言    480.0     540.0

利用 dropna 函數刪除缺失值的所在列:
        書名      定價      數量
0      C語言     500.0     50.0
2      C#語言     580.0    120.0
4   Python語言    480.0     540.0
```

1-3-4 搭配工具分析資料並產出所需的數據

「工欲善其事，必先利其器」，要能有效取得資料分析的目的，必須搭配實用的資料分析工具，本書是以 Python 語言為主要的分析工具，因此在開始示範如何利用 Python 來進行資料分析工作之前，我們有必要事先熟悉 Python 程式和資料分析工作有關的基礎知識，包括：各種流程控制指令、常見資料型別、資料分析函數庫及外部模組，這些必備的 Python 語言學習重點，各位可以參考本書的第 3 章及第 4 章的完整介紹。

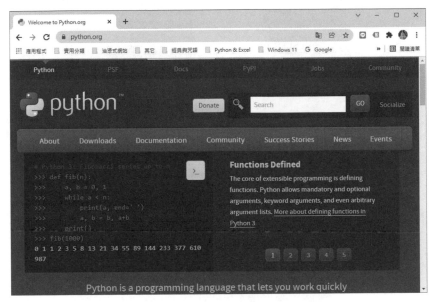

▲ https://www.python.org/Python 官網

1-3-5　將所要分析的資訊以總表或圖表方式呈現

我們可以將所要分析的資訊以分組統計表的方式來呈現，甚至也可以為這些統計表格套用格式、設定格式化或以色階方式來呈現，還可以將所要分析的統計表，以 Python 語言來實作類似 Excel 的樞紐分析表功能，並配合 matplotlib 視覺化模組進行統計圖表的繪製，或是利用 openpyxl 函式庫繪製各種統計圖表。例如當所有的資料整理工作完畢後，接著就可以透過 matplotlib 或 openpyxl 等套件內的模組建立視覺效果，以圖表建立的方式讓您了解各種資料間的差異比較。下列二圖一個是 matplotlib 所繪製的各種類型的圖表，另一個則是 openpyxl 所繪製的「雷達圖」的圖表。

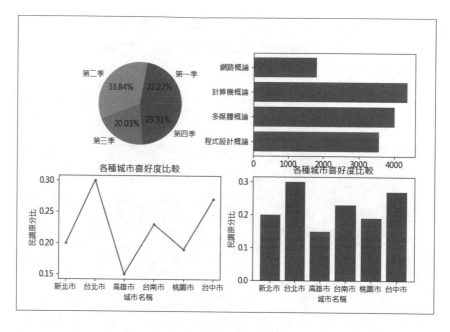

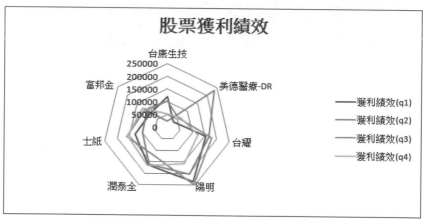

1-3-6　作出資料分析的結論

　　我們還可以利用 Python 語言抓取工作表中的重要資料，接著再加以彙總，並進行各種資料的統計、排序、分組小計、篩選…等工作，再從這些資訊總表所呈現的事實，以作為資料分析的最後決策的結論。

1-4 大數據特性與應用

　　大數據時代的到來，徹底翻轉了現代人們的生活方式，繼雲端運算（Cloud Computing）之後，儼然成為現代科技業中最熱門的顯學，自從 2010 年開始全球資料量已進入 ZB（zettabyte）時代，並且每年以 60%~70% 的速度向上攀升，面對不斷擴張的巨大資料量，正以驚人速度不斷被創造出來的大數據，為各種產業的營運模式帶來新契機。特別是在行動裝置蓬勃發展、全球用戶使用行動裝置的人口數已經開始超越桌機，一支智慧型手機的背後就代表著一份獨一無二的個人數據！大數據應用已經不知不覺在我們生活週遭發生與流行，例如透過即時蒐集用戶的位置和速度，經過大數據分析，Google Map 就能快速又準確地提供用戶即時交通資訊：

透過大數據分析就能提供用戶最佳路線建議

　　當消費者資訊接收行為轉變，行銷就不能一成不變！特別是大數據徹徹底底改變了行銷的玩法。由於消費者在網路及社群上累積的使用者行為及口碑，都能夠被量化，生活上最顯著的應用莫過於 Facebook 上的個人化推薦商品和廣告推播了，為了記錄每一位好友的資料、動態消息、按讚、打卡、分享、狀態及新增圖片，必須藉助大數據的技術，接著 Facebook 才能分析每個人的喜好，再投放他感興趣的廣告或行銷訊息。

▲ Facebook 廣告背後包含了最新大數據技術

TIPS 為了讓各位實際了解大數據資料量到底有多大，我們整理了大數據資料單位如下表，提供給各位作為參考：

1 Terabyte=1000 Gigabytes=1000^9 Kilobytes

1 Petabyte=1000 Terabytes=1000^{12} Kilobytes

1 Exabyte=1000 Petabytes=1000^{15} Kilobytes

1 Zettabyte=1000 Exabytes=1000^{18} Kilobytes

1-4-1 大數據的應用

阿里巴巴創辦人馬雲在德國 CeBIT 開幕式上如此宣告：「未來的世界，將不再由石油驅動，而是由數據來驅動！」在國內外許多擁有大量顧客資料的企業，例如 Facebook、Google、Twitter、Yahoo 等科技龍頭企業，都紛紛感受到這股如海嘯般來襲的大數據浪潮。大數據應用相當廣泛，我們的生活中也有許多重要的事需要利用大數據來解決。

就以醫療應用為例，能夠在幾分鐘內就可以解碼整個 DNA，並且讓我們製定出最新的治療方案，為了避免醫生的疏失，美國醫療機構與 IBM 推出 IBM Watson 醫生診斷輔助系統，會從大數據分析的角度，幫助醫生列出更多的病徵選項，大幅提升疾病診癒率，甚至能幫助衛星導航系統建構完備即時的交通資料庫。即便是目前喊得震天嘎響的全通路零售，真正核心價值還是建立在大數據資料驅動決策上。

▲ IBM Waston 透過大數據實踐了精準醫療的成果

不僅如此，大數據還能與網路行銷領域相結合，當作終端的精準廣告投放，只要有能力整合這些資料並做分析，在大數據的幫助下，消費者輪廓將變得更加全面和立體，包括使用行為、地理位置、商品傾向、消費習慣都能記錄分析，就可以更清楚地描繪出客戶樣貌，更可以協助擬定最源頭的行銷策略，進而更精準的找到潛在消費者。

這些大數據中遍地是黃金，更是一場從管理到行銷的全面行動化革命，不少知名企業更是從中嗅到了商機，各種品牌紛紛大舉跨足網路行銷的範疇。由於大數據是智慧零售不可忽視的需求，當大數據結合了網路行銷，將成為最具革命性的行銷大趨勢，現在的時代顧客變成了真正的主人，企業主導市場的時光已經一去不復返了，行銷人員可以藉由大數據分析，將網友意見化為改善產品或設計行銷活動的參考，深化品牌忠誠，甚至挖掘潛在需求。

▲ 台灣大車隊利用大數據提供更貼心叫車服務

　　例如台灣大車隊是全台規模最大的小黃車隊，透過 GPS 衛星定位與智慧載客平台全天候掌握車輛狀況，並充分利用大數據技術，將即時的乘車需求提供給司機，讓司機更能掌握乘車需求，將有助降低空車率且提高成交率，並運用雲端資料庫，透過分析當天的天候時空情境和外部事件，精準推薦司機優先去哪個區域載客，優化與洞察出乘客最真正迫切的需求，也讓乘客叫車更加便捷，提供最適當的產品和服務。

1-4-2　大數據的特性

　　由於數據的來源有非常多的途徑，大數據的格式也將會越來越複雜，大數據解決了商業智慧無法處理的非結構化與半結構化資料，優化了組織決策的過程。將數據應用延伸至實體場域最早是前世紀在 90 年代初，全球零售業的巨頭沃爾瑪（Wal-Mart）超市就選擇把店內的尿布跟啤酒擺在一起，透過帳單分析，找出尿片與啤酒產品間的關聯性，尿布賣得好的店櫃位，附近啤酒也意外賣得很好，進而調整櫃位擺設及推出啤酒和尿布共同銷售的促銷手段，成功帶動相關營收成長，開啟了數據資料分析的序幕。

▲ 沃爾瑪啤酒和尿布的研究開啟了大數據分析的序幕

　　大數據涵蓋的範圍太廣泛，許多專家對大數據的解釋又各自不同，在維基百科的定義，大數據是指無法使用一般常用軟體在可容忍時間內進行擷取、管理及分析的大量資料，我們可以這麼簡單解釋：大數據其實是巨大資料庫加上處理方法的一個總稱，是一套有助於企業組織大量蒐集、分析各種數據資料的解決方案，並包含以下四種基本特性：

- **大量性（Volume）**：現代社會每分每秒都正在生成龐大的數據量，堪稱是以過去的技術無法管理的巨大資料量，資料量的單位可從 TB（Terabyte，一兆位元組）到 PB（Petabyte，千兆位元組）。

- **速度性（Velocity）**：隨著使用者每秒都在產生大量的數據回饋，更新速度也非常快，資料的時效性也是另一個重要的課題，反應這些資料的速度也成為他們最大的挑戰。大數據產業應用成功的關鍵在於速度，往往取得資料時，必須在最短時間內反應，許多資料要能即時得到結果才能發揮最大的價值，否則將會錯失商機。

- **多樣性（Variety）**：大數據技術徹底解決了企業無法處理的非結構化資料，例如存於網頁的文字、影像、網站使用者動態與網路行為、客服中心的通話紀錄，資料來源多元及種類繁多。通常我們在分析資料時，不會單獨去看一種資料，大數據課題真正困難的問題在於分析多樣化的資料，彼此間能進行交互分析與尋找關聯性，包括企業的銷售、庫存資料、網站的使用者動態、客服中心的通話紀錄；社交媒體上的文字影像等。

- **真實性（Veracity）：** 企業在今日變動快速又充滿競爭的經營環境中，取得正確的資料是相當重要的，因為要用大數據創造價值，所謂「垃圾進，垃圾出」（GIGO），這些資料本身是否可靠是一大疑問，不得不注意數據的真實性。大數據資料收集的時候必須分析並過濾資料有偏差、偽造、異常的部分，資料的真實性是數據分析的基礎，防止這些錯誤資料損害到資料系統的完整跟正確性，就成為一大挑戰。

▲ 大數據的四項特性

資料分析工具

▼　▼　▼

本章將介紹目前常見的資料分析工具,並簡介這些資料分析工具的特點,如果想改善資料分析的工作效率,筆者會建議採用 Python 程式語言來進行資料分析,相信一定可以大幅提高資料分析工作的效能。

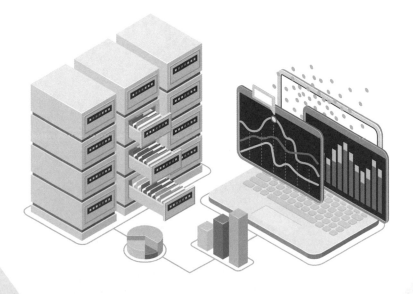

2-1 有哪些資料分析工具

要進行資料分析的工具相當多，為了學習資料分析的相關性工作，選擇性也越來越多，例如：Excel、Power BI、Python、R 語言、VBA⋯等，如果是強調解讀圖表及產出報表的商業價值的資料分析需求，就可以選擇類似像 Power BI、Excel、Tableau 這類型的資料分析工具。

2-1-1 應用軟體類的資料分析工具

就以 Power BI 為例，它可以由外部匯入資料及篩選資料，再依自己的分析目的去產生出分析結果的產出表格或圖表。目前 Power BI Desktop 電腦版桌面應用程式匯入各種不同檔案格式的資料，這些支援的檔案格式如下所示：

再進行資料的整理與分析，與設計視覺化互動圖表的產出，例如底下二圖為各種不同類型的視覺效果輸出外觀：

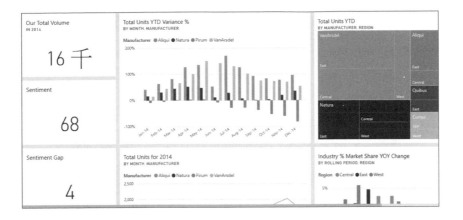

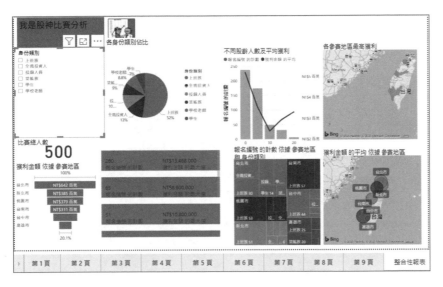

　　但是這一類的資料分析工具常會有功能上的限制,而且有些操作步驟也較為繁瑣,例如當利用 Excel 軟體應用在資料分析的工作上,處理的過程中常會涉及到工作表中的各種異常值的處理,包括刪除空值或取得特定的異常值、或是變更資料格式、排序、樞紐分析或圖表插入等工作,這些資料分析的過程中都必須一步步仔細藉助滑鼠的操作去完整最終想要分析的結果。一旦在操作的過程中有些步驟有誤或需要修正,就必須重頭再來一次資料處理流程,也因此會花上很多的時間在多次的步驟操作。下列二圖說明了 Excel 圖表插入及建立樞紐分析表,必須跟著軟體的操作步驟引導,一步一步建立,另外,要建立樞紐分析表之前,必須先了解資料分析的依據與所要建立的表格內容。

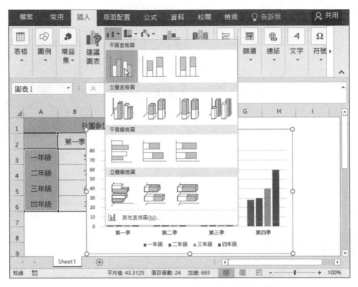

▲ Excel 根據引導可以插入各種類型的圖表

▲ 樞紐分析表範例圖

2-1-2 程式語言類的資料分析工具

為了改善這項缺點，如果使用 Python 程式編寫的方式去進行資料分析，我們就可以透過參數內容的修改，快速得不同的分析結果。例如下列二圖是利用 Python

的 openpyxl 模組所建立的直條圖及橫條圖，兩者之間的差別只有一個參數值的不同，在程式中只要設定不同的參數值，就會快速有不同的圖表輸出外觀。

　例如如果各位要繪製橫條圖，只要程式中的圖表物件的「type」屬性由直條圖所設定的「chart.type="col"」，修改成為「chart.type="bar"」就可以輕易產生出橫條圖。

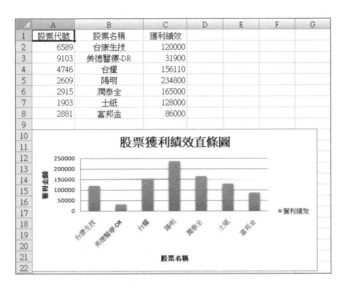

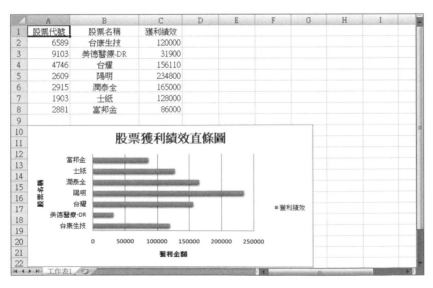

不僅在表格型態的資料分析工作相當簡便，而且程式碼也易於修正的這項優點之外，如果想要根據所要分析的表格資料去繪製出各種統計圖表，這種情況下也可以搭配和繪製圖表有關 Python 的套件或模組，只要簡短的幾行就可以繪製出各種不同視覺效果的圖表，如果需要調整也只要簡單修改幾行程式嗎，不必花費心思重新做圖。例如底下的短短幾行程式碼可以快速繪製股價變化折線圖。

```
01  import openpyxl
02  from openpyxl.chart import LineChart, Reference
03
04  wb=openpyxl.load_workbook("stock_week.xlsx") #載入 Excel 活頁簿檔案
05  target=wb.active #將作用工作表內容設定給 target 變數
06  #設定要繪製圖表的資料參考範圍
07  price=Reference(target,min_col=2,max_col=7,min_row=1,max_row=target.max_row)
08  #設定要繪製圖表的分類參考範圍
09  stock_sort=Reference(target,min_col=1,min_row=2,max_row=target.max_row)
10  chart=LineChart()   #建立折條圖
11  chart.title="股票價格變化 "   #統計圖表的標題名稱
12  chart.x_axis.title="日期 "      #統計圖表的 X 軸標題名稱
13  chart.y_axis.title="當日股價 "      #統計圖表的 Y 軸標題名稱
14  #將資料參考範圍加入圖表，並令第一列為圖示名稱
15  chart.add_data(price,titles_from_data=True)
16  #新增類別物件，以作為圖表的分類
17  chart.set_categories(stock_sort)
18  #將圖表插入工作表中的指定儲存格位置
19  target.add_chart(chart,"A10")
20  #將程式的執行結果以另外一個新檔名加以儲存
21  wb.save("stock_linechart.xlsx")
```

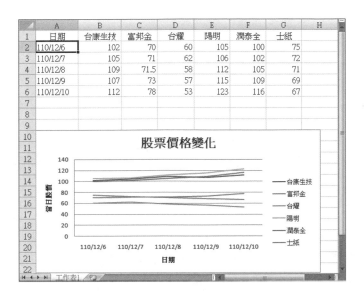

甚至還可以透過程式碼的撰寫去產出具有的樞紐分析表的輸出結果。

```
     學號    班級       組別    第一次    第二次    第三次
0   A001     甲班       男生組      10         9        10
1   A002     丙班       女生組       7         5         6
2   A003     甲班       男生組       6         9         7
3   A004     乙班       男女混合      7         6         5
4   A005     甲班       女生組       8        10        10
5   A006     乙班       男女混合      9         9         7
6   A007     丙班       男生組      10         7        10
<pandas.core.groupby.generic.DataFrameGroupBy object at 0x0000025E76153460>
       學號   組別   第一次   第二次   第三次
班級
丙班       2     2       2       2       2
乙班       2     2       2       2       2
甲班       3     3       3       3       3
       第一次   第二次   第三次
班級
丙班       17     12      16
乙班       16     15      12
甲班       24     28      27
                 學號    第一次    第二次    第三次
班級   組別
丙班   女生組      1       1        1        1
       男生組      1       1        1        1
乙班   男女混合     2       2        2        2
甲班   女生組      1       1        1        1
       男生組      2       2        2        2
```

	學號	班級	組別	第一次	第二次	第三次
0	A001	甲班	男生組	10	9	10
1	A002	丙班	女生組	7	5	6
2	A003	甲班	男生組	6	9	7
3	A004	乙班	男女混合	7	6	5
4	A005	甲班	女生組	8	10	10
5	A006	乙班	男女混合	9	9	7
6	A007	丙班	男生組	10	7	10

組別 班級	女生組	男女混合	男生組	A11
丙班	1.0	NaN	1.0	2
乙班	NaN	2.0	NaN	2
甲班	1.0	NaN	2.0	3
A11	2.0	2.0	3.0	7

組別 班級	女生組	男女混合	男生組	人數統計
丙班	1	0	1	2
乙班	0	2	0	2
甲班	1	0	2	3
人數統計	2	2	3	7

使用 Python 進行資料分析的另一項優點就是 Python 擁有大量的第三方套件及模組，這些函數庫可以省去程式人員大量的軟體開發時間，而且各種用途的應用也非常廣泛，例如 PyPI（Python Package Index, 簡稱 PyPI）為 Python 第三方套件集中處，各位可於 https://pypi.org 網頁搜尋各種套件。

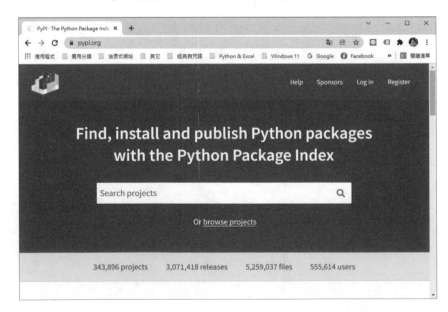

2-2 Python 語言簡介與特色

隨著物聯網與大數據分析的火紅，讓在統計分析與資料探勘有著舉足輕重地位的 Python，人氣不斷飆升，成為熱門程式語言排行榜的常勝軍。Python 於 1989 年由 Guido van Rossum 發明，1991 年公開發行，Guido van Rossum 開發 Python 時初心是想設計出一種優美強大，任何人都能使用的語言，同時開放原始碼，因此 Python 非常適合第一次接觸程式語言的人來學習。

由於 Python 語法易學易讀，在美國已經成為高中生必學的程式語言，目前最新版本為 3.10.4（版本持續更新中），近幾年來，使用 Python 作為入門程式語言的人越來越多。

TIPS 物聯網（Internet of Things, IOT）是近年資訊產業中一個非常熱門的議題，是將各種具備裝置感測設備的物品，例如 RFID、環境感測器、全球定位系統（GPS）等裝置與網際網路結合起來，也就是透過網路把所有東西都連結在一起。大數據（big data），由 IBM 於 2010 年提出，是指在一定時效（Velocity）內進行大量（Volume）且多元性（Variety）資料的取得、分析、處理、保存等動作，大數據其實是巨大資料庫加上處理方法的一個總稱，就是一套有助於企業組織大量蒐集、分析各種數據資料的解決方案。

2-2-1 程式簡潔與開放原始碼

Python 開發的目標之一是讓程式碼像讀本書那樣容易理解，也因為簡單易記、程式碼容易閱讀的優點，在寫程式的過程中能專注在程式本身，而不是如何去寫，程式開發更有效率，團隊協同合作也更容易整合。另外，所有 Python 的版本都是自由／開放原始碼（Free and Open Source），而且 Python 語言可與 C/C++ 語言互相嵌入運用，也就是說，程式設計師可以將部份程式以 C/C++ 語言撰寫，然後在 Python 程式去使用；或是將 Python 程式內嵌到 C/C++ 程式中。

2-2-2　直譯與跨平台的特性

Python 算是執行效率不錯的直譯式語言，如果遇到哪一行有問題，就會顯示出錯誤訊息而馬上停止。另外 Python 程式具有強大的跨平台的特點，可以在大多數的主流平台上執行，例如在 Windows 撰寫的程式，可以不需要修改，便可以移植到在 Linux、Mac OS、OS/2…. 等不同平台上執行。

2-2-3　物件導向的設計風格

物件導向程式設計（Object-Oriented Programming, OOP）的主要精神就是將存在於日常生活中舉目所見的物件（Object）概念，讓各位從事程式設計時，能以一種更生活化、可讀性更高的設計觀念來進行，並且所開發出來的程式也較容易擴充、修改及維護。Python 具有許多物件導向的特性，例如類別、封裝、繼承、多形等設計，所有的資料也都是物件，不過它卻不像 Java 這類的物件導向語言強迫使用者必須用完全的物件導向思維寫程式。此外，更令人讚賞的是 Python 是多重思維（Multi-paradigm）的程式語言，允許大家使用多種風格來寫程式，程式撰寫更具彈性，就算不懂物件導向觀念，也不會成為學習 Python 的絆腳石。

2-2-4　豐富的第三方套件

Python 是資料解析、資料探勘（Data Mining）、資料科學工作中經常被使用的程式語言，可以廣泛應用在網頁設計、App 設計、遊戲設計、自動控制、生物科技、大數據等領域。Python 提供了豐富的 API 和工具，讓程式設計師能夠輕鬆地編寫擴充模組，也可以整合到其它語言的程式內使用，所以也有人說 Python 是「膠合語言」（Glue language）。

> **TIPS** 　資料探勘（Data Mining）則是一種資料分析技術，主要利用自動化或半自動化的方法，從大量的資料中分析發掘出有意義的模型以及規則，也就是從一個大型資料庫萃取出有用的知識，在現代商業及科學領域都有許多資料探勘相關的應用。

除此之外，Python 擁有大量免費且開放原始碼的第三方套件及開發工具，可以幫助程式設計師輕鬆地編寫及擴充模組，完成許多的程式設計開發工作。

TIPS　　模組是指已經寫好的 Python 檔案，也就是一個副檔名為「.py」的檔案，模組中包含可執行的敘述和定義好的資料、函數或類別。一般來說，將多個模組組合在一起還能產生套件（Package）。如果說模組就是一個檔案，而套件就是一個目錄。

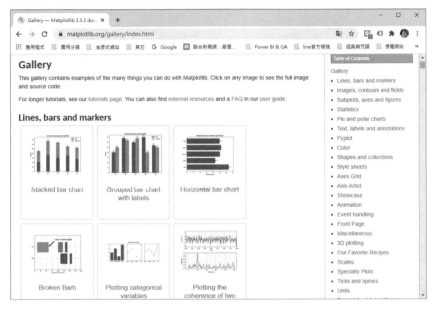

▲ Matplotlib 套件是相當受歡迎的繪圖程式庫（Plottinglibrary）

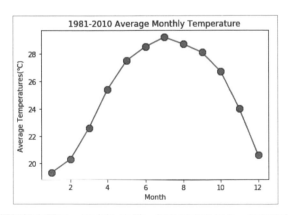

▲ 標記設為圓形，尺寸為 10 點，顏色設定為紅色、框線為藍色

▲ tkinter 套件是 Python 的標準 GUI 工具

2-2-5　無所不在的應用領域

　　Python 擁有龐大的開放式資源社群，在世界各地的社群會定期舉辦例行聚會，Python 的愛好者彼此交流，精益求精，Python 的應用可說是無遠弗屆，包括以下幾種應用：

◉ Web 開發框架

　　Web 框架簡單來說就是為建立 web 應用制定了一套規範，簡化了所有技術上的細節，前端就有 html、JavaScript 及 CSS 等等技術，更別提後端林林總總的技術，輕易地運用 Web Framework 模組就能建構出實用的動態網站。Python 領域知名的 web 框架例如 Django、CherryPy、Flask、Pyramid、TurboGear 等等。

◉ 人工智慧

　　資訊科技不斷進步，人工智慧應用從日常生活到工作處處可見，Python 有各種容易擴增的資料分析與機器學習模組庫（library），像是 NumPy、Matplotlib、Pandas、Scikit-learn、SciPy、PySpark…等等，讓 Python 成為資料解析與機器學習主要語言之一。

> **TIPS**　機器學習是 AI 發展相當重要的一環，也是大數據分析的一種特別方法，通過演算法給予電腦大量的「訓練資料（Training Data）」，在大數據中找到規則，可以發掘多資料元變動因素之間的關聯性，進而自動學習並且做出預測，對機器學習的模型來說，用戶越頻繁使用，資料的量越大越有幫助，機器就可以學習的愈快，進而讓預測效果不斷提升的過程。

▲ 機器也能一連串模仿人類學習過程

◉ 物聯網

物聯網是讓生活中的物品能透過互聯互通的傳輸技術進行感知與控制，例如智慧家電可讓使用者遠端透過 APP 操控電冰箱、空調等電器，Python 透過在 Arduino 與 Raspberry Pi 的支援之下，也能控制硬體，打造各種物聯網應用。

2-3 Python VS Excel VBA

VBA 的全名是「Visual Basic for Application」，是一種 Visual Basic 視覺化的 Basic 開發環境，並加入了物件導向程式語言的特性，VBA 程式碼是一種可以在副檔名為 DOC、MDB、XLS、PPT 等 Office 各軟體檔案內執行的巨集，也就是說 VBA 是一套在可以 Office 軟體環境中控制 Office 共通的巨集語言。VBA 的最大特色是提供多種「物件」，這些物件就是各 Office 軟體檔案格式的內容，例如在 Excel 的 VBA 內有 Workbook（活頁簿）、Worksheet（工作表）；因此，我們就可以利用 Excel VBA 去存取 Excel 工作表內容，並進而進行資料分析的工作，例如分組、樞紐分析、排序…等工作。底下為 Excel VBA 的微軟官方的參考文件網頁，這個網頁中包含 Excel VBA 概觀、程式設計工作與參考範例，可以協助各位開發以 Excel 為基礎的解決方案。

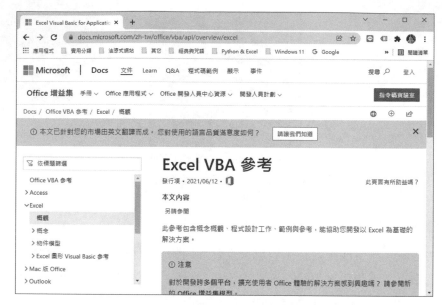

▲ https://docs.microsoft.com/zh-tw/office/vba/api/overview/excel

VBA 可以協助我們將 Excel 等 Office 軟體所要做的工作編寫出一支可以自動執行的程式，同時透 VBA 可以擴大 Excel 本身軟體的功能，讓各位可以輕易編寫出符合自己需求的應用程式，不過 VBA 必須建構在 Microsoft Office 本身軟體的功能，甚至如果資料量太大時，使用 VBA 所完成的應用程式，有時還無法應付。

其實 VBA 可以說是附屬在 Office 應用軟體的程式語言。例如在 Visual Basic 中，修改儲存格之前，通常不需要先選取儲存格。例如如果要使用 Visual Basic 在儲存格 A5 中輸入公式，您不需選取範圍 A5，只需傳回該儲存格的 Range 物件，然後將 Formula 屬性設為您要的公式，如下列範例所示：

```
Sub mysum()
    Worksheets("Sheet1").Range("A5").Formula = "=SUM(D2:D5)"
End Sub
```

另外，考慮到作業系統的不同，VBA 也有分 Mac OS 的版本及 Windows OS 的版本，而且功能也不盡相同，因此我們利用 VBA 所撰寫出來的應用程式，就可能造成不同平台間的相容性問題。例如下面網頁就是使用 Office for Mac 的 Office for Windows 開發的 VBA 的參考文件說明。

▲ https://docs.microsoft.com/zh-tw/office/vba/api/overview/office-mac

　　至於 Python 語言就沒有這一類的問題，因為它是一種直譯式程式語言，只要各個作業系統安裝所支援的 Python 執行環境，就可以透過該平台的直譯器來執行 Python 所撰寫的程式，這樣就可以輕易達到平台之間的相容性問題。

　　另外使用 Python 語言撰寫程式所使用的硬體資源較少，而且語法簡單又支援物件導件。例如 Python 提供 Matplotlib 資料視覺化 2D 繪圖程式庫模組，只需要幾行程式碼就能輕鬆產生各式圖表，例如直條圖、折線圖、圓餅圖、散點圖等應有盡有，透過幾行簡短的程式就可以輕鬆轉換圖表。

```python
# -*- coding: utf-8 -*-


import matplotlib.pyplot as plt
import numpy as np
plt.rcParams['font.sans-serif'] ='Microsoft JhengHei'


x=['上學期', '下學期']
s1,s2,s3,s4 = [13.2, 20.1], [11.9, 14.2], [15.1, 22.5], [15, 10]
```

```
index = np.arange(len(x))
width=0.15
plt.bar(index - 1.5*width, s1, width, color='b')
plt.bar(index - 0.5*width, s2, width, color='r')
plt.bar(index + 0.5*width, s3, width, color='y')
plt.bar(index + 1.5*width, s4, width, color='g')
plt.xticks(index, x)
plt.legend(['2017 年 ','2018 年 ','2019 年 ','2020 年 '])
plt.ylabel(' 平均分數，取到小數點第一位 ')
plt.title(' 大學四年各學期平均成績比較表 ')
plt.show()
```

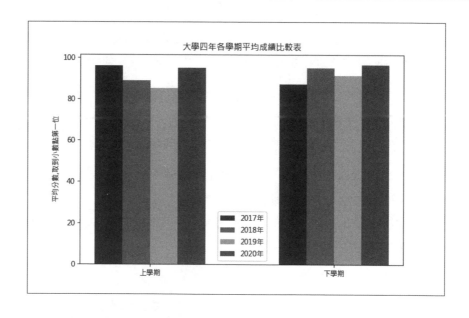

超高效！Python×Excel 資料分析自動化：輕鬆打造你的完美工作法！

Python 語法快速入門

▼ ▼ ▼

隨著物聯網與大數據分析的火紅,讓在數據分析與資料探勘有著舉足輕重地位的 Python,人氣不斷飆升,目前已經成為全球熱門程式語言排行榜的常勝軍。Python 語言優點包括物件導向、直譯、跨平臺等特性,加上豐富強大的套件模組與免費開放原始碼,各種領域的使用者都可以找到符合需求的套件模組,除了 Python 的用途十分廣泛,涵蓋了網頁設計、App 設計、遊戲設計、自動控制、生物科技、大數據等領域,更加上簡單易記、程式碼容易閱讀與撰寫彈性的優點,因此非常作為有志於現代科技領域的讀者入門學習語言。

3-1 輕鬆學 Python 程式

Python 直譯器種類眾多，本書範程式以 Python 3.x 基本語法為主，並以官方的 CPython 直譯器為開發工具。要下載及安裝 Python 軟體，請連上 https://www.python.org/。安裝後在開始功能表可以看到許多工具：

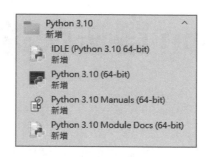

其中「Python 3.10（64-bit）」會進入 Python 互動交談模式，當看到 Python 提示字元「>>>」，使用者可以逐行輸入 Python 指令。

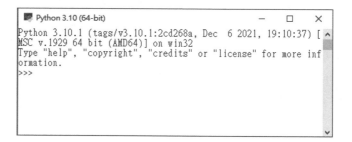

IDLE 為內建的整合式開發環境軟體（Integrated Development Environment，簡稱 IDE），包括撰寫程式編輯器、編譯或直譯器、除錯器等。當啟動 IDLE 軟體，然後執行「File/New File」指令，就可以開始撰寫程式，請輸入如下程式碼：

```
# 我的第一個 Python 程式練習
print(' 第一個 Python 語言程式 !!!')
```

存檔時以「*.py」為副檔名，接著執行「Run/Run Module」指令，就可以看到執行結果。

程式碼中第 1 行是 Python 的單行註解，如果是多行註解則以 3 個雙引號 """（或單引號 '''）開始，填入註解內容，再以 3 個雙引號（或單引號）來結束。第 2 行是內建函數 print() 輸出結果，字串可以使用單「'」或雙引號「"」來括住其內容。

3-2 基本資料處理

資料處理最基本的對象就是變數（Variable）與常數（Constant），變數的值可做變動。常數則是固定不變的資料。變數命名規則如下：

- 第一個字元必須是英文字母或是底線或是中文，其餘字元可以搭配其他的大小寫英文字母、數字、_ 或中文。
- 不能使用 Python 內建的保留字。
- 變數名稱必須區分大小寫字母。

Python 語言簡潔明瞭，變數不需宣告就可以使用，設定變數值的方式如下：

```
變數名稱 = 變數值
```

例如：

```
score=100
```

如果要讓多個變數同時具有相同的變數值，例如：

```
num1 = num2= 50
```

當各位想要在同一列中指定多個變數則可以利用「,」（分隔變數）。例如：

```
a, b, c =80, 60, 20
```

Python也允許使用者以「;」（分隔運算式）來連續宣告不同的程式敘述。例如：

```
salary= 25000 ; sum = 0
```

3-2-1 數值資料型態

數值資料型態主要有整數及浮點數，浮點數就是帶有小數點的數字，例如：

```
total = 100  # 整數
product = 234.94  # 浮點數
```

3-2-2 布林資料型態

Python布林（bool）資料型態只有True和False兩個值，例如：

```
switch = True
turn_on = False
```

布林資料型態通常使用於流程控制做邏輯判斷。

3-2-3 字串資料型態

Python是將字串放在單引號或雙引號來表示，例如：

```
title = " 新年快樂 "
title= ' 新年快樂 '
```

3-3 輸出 print 與輸入 input

　　程式設計常需要電腦輸出執行結果，有時為了提高程式的互動性，會要求使用使用者輸入資料，這些輸出與輸入的工作，都可以透過 print 及 input 指令來完成。

3-3-1 輸出 print

　　print 指令就是用來輸出指定的字串或數值。語法如下：

```
print( 項目 1[, 項目 2,…, sep= 分隔字元 , end= 結束字元 ])
```

　　例如：

```
print(' 四維八德 ')
print(' 忠孝 ',' 仁愛 ',' 信義 ',' 和平 ',sep='=')
print(' 忠孝 ',' 仁愛 ',' 信義 ',' 和平 ')
print(' 忠孝 ',' 仁愛 ',' 信義 ',' 和平 ',end=' ')
print(' 禮義廉恥 ')
```

【執行結果】

```
四維八德
忠孝 = 仁愛 = 信義 = 和平
忠孝 仁愛 信義 和平
忠孝 仁愛 信義 和平 禮義廉恥
```

　　print 命令也支援格式化功能，主要是由 "%" 字元與後面的格式化字串來控制輸出格式，語法如下：

```
print(" 項目 " % ( 參數列 ))
```

在輸出的項目中是利用 %s 代表輸出字串，%d 代表輸出整數，%f 代表輸出浮點數。請參考底下的範例：

```
01   name=" 陳大忠 "
02   age=30
03   print("%s 的年齡是 %d 歲 " % (name, age))
```

執行結果

```
陳大忠 的年齡是  30 歲
```

另外，透過欄寬設定可以達到對齊效果，例如：

- **%7s**：固定輸出 7 個字元，不足 7 個字元則會在字串左方填入空白字元，大於 7 個字元，則全部輸出。

- **%7d**：固定輸出 7 個字元，不足 7 位數則會在字串左方填入空白字元，大於 7 位數，則全部輸出。

- **%8.2f**：連同小數點也算 1 個字元，這種格式會固定輸出 8 個字元，其中小數固定輸出 2 位數，如果整數少於 5 位數（因為必須扣除小數點及小數的位元），則會在數字左方填入空白字元，但如果小數小於 2 位數，則會在數字右方填入 0。

3-3-2　輸出跳脫字元

print() 指令中除了輸出一般的字串或字元外，也在字元前加上反斜線「\」來通知編譯器將後面的字元當成一個特殊字元，形成所謂「跳脫字元」（Escape Sequence Character）。例如 '\n' 表示換行功能的「跳脫字元」，下表為幾個常用的跳脫字元：

跳脫字元	說明
\t	水準跳格字元（Horizontal Tab）
\n	換行字元（New Line）

跳脫字元	說明
\"	顯示雙引號（Double Quote）
\'	顯示單引號（Single Quote）
\\	顯示反斜線（Backslash）

例如：

```
print('程式語言！\n 越早學越好')
```

執行結果如下：

```
程式語言！
越早學越好
```

3-3-3　輸入 input

而 input 指令是輸入指令。語法如下：

```
變數 = input( 提示字串 )
```

當各位輸入資料按下 Enter 鍵後，就會將輸入的資料指定給變數。「提示字串」則是一段告知使用者輸入的提示訊息，例如：

```
height =input(" 請輸入你的身高：")
print (height)
```

請注意，input 所輸入的內容是一種字串，如果要將該字串轉換為整數，則必須透過 int() 內建函數。當利用 print 輸出時，還可以指定數值以何種進位輸出。請參考下表：

格式指定碼	說明
%d	輸出十進位數

格式指定碼	說明
%o	輸出八進位數
%x	輸出十六進位數，超過 10 的數字以大寫字母表示，例如 0xff
%X	輸出十六進位數，超過 10 的數字以大寫字母表示，例如 0xFF

範例程式：ex003.py

```
01  iVal=input('請輸入 8 進制數值 :')
02  print('您所輸入 8 進制數值，代表 10 進制 :%d' %int(iVal,8))
03  print('')
04
05  iVal=input('請輸入 10 進制數值 :')
06  print('您所輸入 10 進制數值，代表 8 進制 :%o' %int(iVal,10))
07  print('')
08
09  iVal=input('請輸入 16 進制數值 :')
10  print('您所輸入 16 進制數值，代表 10 進制 :%d' %int(iVal,16))
11  print('')
12
13  iVal=input('請輸入 10 進制數值 :')
14  print('您所輸入 10 進制數值，代表 16 進制 :%x' %int(iVal,10))
15  print('')
```

執行結果

```
請輸入8進制數值:65
您所輸入8進制數值，代表10進制:53

請輸入10進制數值:53
您所輸入10進制數值，代表8進制:65

請輸入16進制數值:87
您所輸入16進制數值，代表10進制:135

請輸入10進制數值:135
您所輸入10進制數值，代表16進制:87
```

3-4 運算子與運算式

運算式是由運算子與運算元所組成。其中 =、+、* 及 / 符號稱為運算子，運算元則包含了變數、數值和字元。

3-4-1 算術運算子

算術運算子主要包含了數學運算中的四則運算、餘數運算子、取得整除數運算子、指數運算子等運算子。例如：

```
X = 58 + 32
X = 89 - 28
X = 3 * 12
X = 125 / 7
X = 145 // 15
X = 2**4
X = 46 % 5
```

3-4-2 複合指定運算子

由指定運算子「＝」與其它運算子結合而成，也就是「＝」號右方的來源運算元必須有一個是和左方接收指定數值的運算元相同。例如：

```
X += 1     # 即 X = X + 1
X -= 9     # 即 X = X - 9
X *= 6     # 即 X = X * 6
X /= 2     # 即 X = X / 2
X **= 2    # 即 X = X ** 2
X //= 7    # 即 X = X // 7
X %= 5     # 即 X = X % 5
```

3-4-3 　關係運算子

用來比較兩個數值之間的大小關係，通常用於流程控制語法，如果該關係運算結果成立就回傳真值（True）；不成立則回傳假值（False）。（下例 A=5, B=3）

運算子	說明
>	A 大於 B，回傳 True
<	A 小於 B，回傳 False
>=	A 大於或等於 B，回傳 True
<=	A 小於或等於 B，回傳 False
==	A 等於 B，回傳 False
!=	A 不等於 B，回傳 True

3-4-4 　邏輯運算子

邏輯運算子也是運用在邏輯判斷的時候，可控制程式的流程，通常是用在兩個表示式之間的關係判斷。邏輯運算子共有三種，如下表所列：

運算子	用法
and	a>b and a<c
or	a>b or a<c
not	not (a>b)

有關 and、or 和 not 的運算規則說明如下：

● and：當 and 運算子兩邊的條件式皆為真（True）時，結果才為真，例如假設運算式為 a>b and a>c，則運算結果如下表所示：

a > b 的真假值	a > c 的真假值	a>b and a>c 的運算結果
真	真	真
真	假	假

a > b 的真假值	a > c 的真假值	a>b and a>c 的運算結果
假	真	假
假	假	假

例如：a=7, b=5, c=9

則 a>b and a>c 的運算結果為 True and False，結果值為 False。

● or：當 or 運算子兩邊的條件式，有一邊為真 (True) 時，結果就是真，例如：假設運算式為 a>b or a>c，則運算結果如下表所示：

a > b 的真假值	a > c 的真假值	a>b or a>c 的運算結果
真	真	真
真	假	真
假	真	真
假	假	假

例如：a=7, b=5, c=9

則 a>b or a>c 的運算結果為 True or False，結果值為 True。

● not：這是一元運算子，可以將條件式的結果變成相反值，例如：假設運算式為 not (a>b)，則運算結果如下表所示：

a > b 的真假值	not (a>b) 的運算結果
真	假
假	真

例如：a=7, b=5

則 not (a>b) 的運算結果為 not(True)，結果值為 False。

底下直接由例子來看看邏輯運算子的使用方式：

```
01  a,b,c=5,10,6
02  result = a>b and b>c; #and 運算
03  result = a<b or c!=a; #or 運算
04  result = not result;   # 將 result 的值做 not 運算
```

上面的例子中，第2、3行敘述分別以運算子and、or結合兩條件式，並將運算後的結果儲存到布林變數result中，在這裡由and與or運算子的運算子優先權較關係運算子>、<、!=等來得低，因此運算時會先計算條件式的值，之後再進行and或or的邏輯運算。

第4行敘述則進行not邏輯運算，取得變數result的反值(True的反值為False，False的反值為True)，並將傳回值重新指派給變數result，這行敘述執行後的結果會使得變數result的值與原來的相反。

3-4-5　位元運算子

位元運算（Bit operation）就是逐位元進行比較，在python中如果要將整數轉換為二進位，可以利用bin()內建函數。簡介如下：

◉ 運算元1 & 運算元2

運算元1、運算元2的值皆為1，才會回傳1。

◉ 運算元1 | 運算元2

運算元1、運算元2的值其中有一個為1，就會回傳1。

◉ 運算元1 ^ 運算元2

運算元1、運算元2的值不同，才會回傳1，如果運算元1、運算元2的值相同，則會回傳0。

◉ ~ 運算元

或稱反向運算，將1變成0，0變成1。

例如：

```
num1 = 9; num2 = 10
bin(num1); bin(num2) # 利用 bin() 函式將 x, y 轉為二進位
print(bin(num1)) # 輸出 0b1001
print(bin(num2))  # 輸出 0b1010
print(num1 & num2) # 輸出 8
print(num1 | num2) # 輸出 11
print(num1 ^ num2) # 輸出 3
print(~num1) # 輸出 -10
```

位元運算子還有二個較為特殊的運算子：左移（<<）和右移（>>）運算子。
例如：

```
num1=125
num2=98475
print(bin(num1))  #0b1111101
print(bin(num1<<2)) #0b111110100
print(bin(num2))  #0b11000000010101011
print(bin(num2>>3)) #0b11000000010101
```

3-5 流程控制

Python 語言包含三種流程控制結構 if、for、while。

3-5-1 if 敘述

if 敘述語法如下：

```
if 條件運算式 1:
    程式敘述區塊 1
elif 條件運算式 2:
```

```
    程式敘述區塊 2
else:
    程式敘述區塊 3
```

在 Python 語言當指令後有「:」（冒號），那麼下一行的程式碼就必須縮排，否則就無法正確地解譯這段程式碼，預設縮排為 4 個空白，我們可以利用鍵盤「Tab」鍵或空白鍵產生縮排效果。

範例程式：ex004.py

```
01   month=int(input('請輸入月份：'))
02   if 2<=month and month<=4:
03       print('充滿生機的春天')
04   elif 5<=month and month<=7:
05       print('熱力四射的夏季')
06   elif month>=8 and month <=10:
07       print('落葉繽紛的秋季')
08   elif month==1 or (month>=11 and month<=12):
09       print('寒風刺骨的冬季')
10   else:
11       print('很抱歉沒有這個月份！！！')
```

執行結果

```
請輸入月份： 4
充滿生機的春天
```

另外，在其它程式語言常以 switch 和 case 陳述式來控制複雜的分支作業，在 Python 則可以 if 敘述作為替代作法。如下：

範例程式：ex005.py

```
01   print('1.80 以上 ,2.60~79,3.59 以下')
02   ch=input('請輸入分數群組：')
03   #條件敘述開始
```

```
04   if ch=='1':
05       print('繼續保持!')
06   elif ch=='2':
07       print('還有進步空間!!')
08   elif ch=='3':
09       print('請多多努力!!!')
10   else:
11       print('error')
```

執行結果

```
1.80以上,2.60~79,3.59以下
請輸入分數群組: 2
還有進步空間!!
```

3-5-2 for 迴圈

for迴圈又稱為計數迴圈，是一種可以重複執行固定次數的迴圈。語法如下：

```
for item in sequence
    #for 的程式區塊
else:
    #else 的程式區塊，可加入或者不加入
```

上述語法中可加入或者不加入 else 指令。Python 提供 range() 函數來搭配，它主要功能是建立整數序列，語法如下：

```
range([ 起始值 ], 終止條件 [, 步進值 ])
```

● **起始值**：預設為 0，參數值可以省略。

● **終止條件**：必要參數不可省略。

● **步進值**：計數器的增減值，預設值為 1。

例如：

- range（5）代表由索引值 0 開始，輸出 5 個元素，即 0,1,2,3,4 共 5 個元素。

- range（1,6）代表由索引值 1 開始，到索引編號 5 結束，索引編號 6 不包括在內，即 1,2,3,4,5 共 5 個元素。

- range（2,10,2）代表由索引值 2 開始，到索引編號 10 前結束，索引編號 10 不包括在內，遞增值為 2，即 2,4,6,8 共 4 個元素。

範例程式：ex006.py

```
01   sum=0
02   number=int(input('請輸入整數：'))
03
04   # 遞增 for 迴圈，由小到大印出數字
05   print('由小到大排列輸出數字 :')
06   for i in range(1,number+1):
07       sum+=i #設定 sum 為 i 的和
08       print('%d' %i,end='')
09       #設定輸出連加的算式
10       if i<number:
11           print('+',end='')
12       else:
13           print('=',end='')
14   print('%d' %sum)
15
16   sum=0
17   # 遞減 for 迴圈，由大到小印出數字
18   print('由大到小排列輸出數字 :')
19   for i in range(number,0,-1):
20       sum+=i
21       print('%d' %i,end='')
22       if i<=1:
23           print('=',end='')
24       else:
25           print('+',end='')
26   print('%d' %sum)
```

超高效！Python×Excel 資料分析自動化：輕鬆打造你的完美工作法！

```
請輸入整數： 7
由小到大排列輸出數字：
1+2+3+4+5+6+7=28
由大到小排列輸出數字：
7+6+5+4+3+2+1=28
```

3-5-3 while 迴圈

while 的條件運算式是用來判斷是否執行迴圈的測試條件，當條件運算式結果為 False 時，則會結束迴圈的執行。語法如下：

```
while 條件運算式 :
    要執行的程式指令
else:
    不符合條件所要執行的程式指令
```

else 指令也是一個選擇性指令，可加也可不加。一旦條件運算式不符合時，則會執行 else 區塊內的程式指令。使用 while 迴圈必須小心設定離開條件，萬一不小心形成無窮迴圈，要中斷程式，需同時按 Ctrl + C。

範例程式：ex007.py

```
01   product=1
02   i=1
03   while i<6:
04       product=i*product
05       print('i=%d' %i,end='')
06       print('\tproduct=%d' %product)
07       i+=1
08   print('\n 連乘積的結果 =%d'%product)
09   print()
```

```
i=1        product=1
i=2        product=2
i=3        product=6
i=4        product=24
i=5        product=120

連乘積的結果=120
```

當必須先執行迴圈中的敘述至少一次，在其它程式語言是以 do while 迴圈來設計程式，但是在 Python 因為沒有 do while 這類的指令，可以參考底下範例的作法：

範例程式：ex008.py

```
01   sum=0
02   number=1
03   while True:
04       if number==0:
05           break
06       number=int(input('數字 0 為結束程式，請輸入數字：'))
07       sum+=number
08       print('目前累加的結果為：%d' %sum)
```

執行結果

```
數字0為結束程式,請輸入數字：85
目前累加的結果為：85
數字0為結束程式,請輸入數字：78
目前累加的結果為：163
數字0為結束程式,請輸入數字：95
目前累加的結果為：258
數字0為結束程式,請輸入數字：93
目前累加的結果為：351
數字0為結束程式,請輸入數字：0
目前累加的結果為：351
```

超高效！Python×Excel資料分析自動化：輕鬆打造你的完美工作法！

3-6 其它常用的型別

其它常用的型別包括 string 字串、tuple 元組、list 串列、dict 字典等，為了方便儲存多筆相關的資料，大部份的程式語言（例如C/C++語言）會以陣列（Array）方式處理。類似陣列結構，在 Python 語言中就稱為序列（Sequence），序列型別可以將多筆資料集合在一起，透過「索引值」存取序列中的項目。在 Python 語言中，string 字串、list 串列、tuple 元組都算是屬於一種序列的資料型別。

3-6-1 string 字串

將一連串字元放在單引號或雙引號括起來，就是一個字串（string），如果要將字串指定給特定變數時，可以使用「＝」指派運運算元。例如：

```
str1 = ''          # 空字串
str2 = 'L'         # 單一字元
str3 ="HAPPY"      # 字串也可以使用雙引號。
```

另外內建函數 str() 將數值資料轉為字串，例如：

```
str()      # 輸出空字串 ''
str(123)   # 將數字轉為字串 '123'
```

要串接多個字串，也可以利用「＋」符號，例如：

```
print('忠孝 '+' 仁愛 '+' 信義 '+' 和平 ')
```

字串的索引值具有順序性，如果要取得單一字元或子字串，就可以使用 [] 運算子，請參考下表說明：

運算子	功能說明
s[n]	依指定索引值取得序列的某個元素

運算子	功能說明
s[n:]	依索引值 n 開始到序列的最後一個元素
s[n : m]	取得索引值 n 至 m-1 來取得若干元素
s[:m]	由索引值 0 開始，到索引值 m-1 結束
s[:]	表示會複製一份序列元素
s[::-1]	將整個序列的元素反轉

例如：

```
msg = 'No pain, no gain'
print(msg[2 : 5]) #不含索引編號 5，可取得 3 個字元。
print(msg[6: 14]) # 可取到最後的一個字元
print(msg[6 :])   # 表示 msg[6 : 13]。
print(msg[:5])    # 表示 start 省略時，從索引值 0 開始取 5 個字元。
print(msg[4:8])   # 索引編號從 4~8，取 4 個字元。
```

執行結果

```
pa
n, no ga
n, no gain
No pa
ain,
```

字串的方法很多，底下為幾個實用的方法：

● len()

功用是取得字串的長度。

```
>>> len('happy')
5
```

◉ count()

功用是可用來找出子字串出現次數。

```
>>> msg='Never put off until tomorrow what you can do today.'
>>> msg.count('e')
2
```

◉ split()

功用是可依據 sep 設定字元來分割字串。

```
data = 'dog cat cattle horse'
print(data.split())
wordB = 'dog/cat/cattle/horse'
print('字串二：', wordB)
print(wordB.split(sep ='/'))
```

其執行結果如下：

```
['dog', 'cat', 'cattle', 'horse']
字串二：dog/cat/cattle/horse
['dog', 'cat', 'cattle', 'horse']
```

◉ find()

檢測字串中是否包含子字串 str，並傳回位置，請注意，字串的索引值從 0 開始。

```
>>> msg='Python is easy to learn'
>>> msg.find('easy')
10
```

● upper() 及 lower()

大小寫轉換。

```
>>> msg='Python is easy to learn'
>>> msg.upper()
'PYTHON IS EASY TO LEARN'
>>> msg.lower()
'python is easy to learn'
```

3-6-2　List 串列

串列是一種以中括號 [] 存放不同資料型態的有序資料型態，例如以下變數 student 是一種串列的資料型態、共有 4 個元素，分別表示「班別、姓名、座號、成績」等資料。

```
data = ['甲班','許士峰', '15',95]
```

串列可以是空串列，也可以包含不同的資料型別或是其它的子串列，以下幾個串列變數都是正確的使用方式：

```
data = []       #空的串列
data1 = [25, 36, 78] #儲存數值的 list 物件
data2 = ['one', 25, 'Judy']    #含有不同型別的串列
data3 = ['Mary', [78, 92], 'Eric', [65, 91]]
```

串列是一種可變的序列型別，串列中的每一元素都可以透過索引，即能取得某個元素的值。因此在資料結構中的陣列（Array），在實作上常以串列方式來表達陣列的結構。在串列中要增加元素，可以透過 append() 函數。如果要判斷串列長度，則可以使用 len() 函數。list 型別可以利用 [] 運算子來取得串列中的元素。例如：

```
list = [1,2,3,4,5,6,7,8,9,10]
list[2:7]  #會輸出 [3, 4, 5, 6, 7]
```

另外，串列提供 sort() 方法針對串列中的元素進行排序，無論是數值或字串皆能排序，sort() 方法中加入參數「reverse = True」就可以做遞減排序。範例如下：

```
list1 = ['zoo', 'yellow', 'student', 'play']
list1.sort(reverse = True)  #依字母做遞減排序
```

上述範例中，串列中只有單純的數值或字串，才能進行排序工作。如果串列中存放不同型別的元素，由於無從判斷排序的準則，就會發生錯誤。在 C 語言中，我們宣告一個名稱為 score 的整數一維陣列：

```
int score[6];
```

這表示我們宣告了整數型態的一維陣列，陣列名稱是 score，陣列中可以放入 6 個整數元素，而 C 語言陣列索引大小是從 0 開始計算，元素分別是 score[0]、score[1]、score[2]、…score[5]。如下圖所示：

如果改以 Python 語言來實作上述陣列的程式碼，則可以參考底下作法：

```
score=[0]*6  #score 是一個包含 6 個元素預設值為 0 的串列，即 [0, 0, 0, 0, 0, 0]
```

當然一維陣列也可以擴充到二維或多維陣列，差別只在於維度的宣告，在 C 語言中，二維陣列設定初始值時，為了方便區隔行與列，所以除了最外層的 {} 外，最好以 {} 括住每一列的元素初始值，並以「,」區隔每個陣列元素，例如：

```
int arr[2][3]={{1,2,3},{2,3,4}};
```

如果改以Python語言來實作上述C語言陣列的程式碼,則可以參考底下作法:

```
arr=[[1,2,3],[2,3,4]]
```

程式範例:ex009.py

```
01  import sys
02
03  # 宣告字串陣列並初始化
04  newspaper=['1.水果日報','2.聯合日報','3.自由報', \
05                          '4.中國日報','5.不需要']
06  # 字串陣列的輸出
07  for i in range(5):
08      print('%s  ' %newspaper[i], end='')
09
10  try :
11      choice=int(input('請輸入選擇 :'))
12      # 輸入的判斷
13      if choice>=0 and choice<4:
14          print('%s' %newspaper[choice-1])
15          print('謝謝您的訂購!!!')
16      elif choice==5:
17          print('感謝您的參考!!!')
18      else:
19          print('數字選項輸入錯誤')
20
21  except ValueError:
22      print('所輸入的不是數字')
```

執行結果

```
1.水果日報  2.聯合日報  3.自由報  4.中國日報  5.不需要
 請輸入選擇:3
3.自由報
謝謝您的訂購!!!
```

3-6-3　tuple 元組及 dict 字典

　　元組（tuple）也是一種有序資料型態，它的結構和串列相同，串列是以中括號 [] 來存放元素，但是元組卻是以小括號 () 來存放元素。串列中的元素位置及元素值都可以改變，但是元組中的元素不能任意更改其位置與更改內容值。以下為三種建立元組的方式：

```
(1, 3, 5,7,9) #建立時沒有名稱
tup1= ('1001', 'BMW', 2016)   #給予名稱的 tuple 資料型態
tup2 ='1001', 'BMW', 2016      # 無小括號，也是 tuple 資料型態
```

　　字典（dict）儲存的資料為「鍵（key）」與「值（value）」所對應的資料，字典和串列（list）、元組（tuple）等序列型別有一個很大的不同點，字典中的資料是沒有順序性的，它是使用「鍵」查詢「值」。除了利用大括號 {} 產生字典，也可以使用 dict() 函數，或是先建立空的字典，再利用 [] 運算元以鍵設值。修改字典的方法必須針對「鍵」設定該元素的新值。如果要新增字典的鍵值對，只要加入新的鍵值即可。語法範例如下：

```
dic= {'Taipei':95, 'Tainan':94, 'Kaohsiung':96}   #設定字典
print (dic)        #查看字典內容，會輸出 {'Taipei': 95, 'Tainan': 94, 'Kaohsiung': 96}
dic['Taipei']      #取得字典中 'Taipei' 鍵的值，會輸出 95
dic['Tainan']=93 #將字典中的「'Tainan'」鍵的值修改為 93
print (dic)        #會輸出修改後的字典 {'Taipei': 95, 'Tainan': 93, 'Kaohsiung': 96}
dic['Ilan']= 87 #在字典中新增「'Ilan'」，該鍵所設定的值為 87
dic #新增元素後的字典   {'Taipei': 95, 'Tainan': 93, 'Kaohsiung': 96, 'Ilan': 87}
print (dic)
```

3-7 函數

函數可以視為一段程式敘述的集合,並且給予一個名稱來代表,當需要時再進行呼叫即可。Python 提供功能強大的標準函數庫,這些函數庫除了內建套件外,還有協力廠商公司所開發的函數。所謂套件就是多個函數的組合,它可以透過 import 敘述來使用。

Python 函數分三種類型:內建函數、標準函數庫及自訂函數:

- 內建函數(Built-in Function, 簡稱 BIF),例如取得資料型態轉換成整數的 int() 函數。

- Python 提供的標準函數庫(Standard Library),使用這類的函數,必須事先以 import 指令將該函數套件匯入。

- 程式設計人員利用 def 關鍵字自行定義的自訂函數,這種函數則是依自己的需求自行設計的函數。

我們必須先行定義函數,才可以進行函數的呼叫,例如定義一個名稱為 hello() 的函數,函數執行的流程如下:

- **定義函數**:先以「def」關鍵字定義 hello() 函數及函數主體,它提供的是函數執行的依據。

- **呼叫程式**:從程式敘述中「呼叫函數」hello()。

3-7-1 自訂無參數函數

接下來我們將以幾個簡單的例子來說明如何在 Python 中自訂函數:

```
def hello():
    print('Hello, World')
hello()  # 會輸出 Hello, World
```

上面的自訂函數 hello()，當中沒有任何參數，函數功能只是以 print() 函數輸出指定的字串，當呼叫此函數名稱 hello() 時，會印出所函數所要輸出的字串。

def 是 Python 中用來定義函數的關鍵字，函數名稱後要有冒號「:」。在自訂函數中的參數串列可以省略，也可以包含多個參數。冒號「:」之後則是函數程式碼，可以是單行或多行敘述。函數中的 return 指令可以讓函數傳回運算後之值，如果沒有傳回任何數值，則可以省略。

3-7-2　有參數列的函數

上述函數中所輸出的字串是固定，這樣的函數設計上較沒有彈性。我們可以在函數中增加一個參數，範例如下：

```python
def hello(sentence):
    print(sentence)
# 主程式
hello('Hello, World')       # 會輸出 Hello, World
hello('Happy Birthday')     # 會輸出 Happy Birthday
hello('==============')     # 會輸出 ==============
```

3-7-3　函數回傳值

如果函數主體中會進行一些運算，可以利用 return 指令回傳給呼叫此函數的程式段落。例如：

```python
def add(a, b, c):
    return a+b+c


print (add(3,7,2))  # 輸出 12
```

3-7-4　參數傳遞

大多數程式語言常見的兩種參數傳遞方式：

- **傳值（Call by value）呼叫**：表示在呼叫函數時，會將引數的值一一地複製給函數的參數，在函數中對參數值作任何修改，都不會影響到原來的引數值。

- **傳址（Pass by reference）呼叫**：傳址呼叫表示在呼叫函數時所傳遞給函數的參數值是變數的記憶體位址，參數值的變動連帶著也會影響到原來的引數值。

在 Python 語言中，當傳遞的資料是不可變物件（如數值、字串），在參數傳遞時，會先複製一份再做傳遞。但如果所傳遞的資料是可變物件（如串列），Python 在參數傳遞時，會直接以記憶體位址做傳遞。簡單來說，如果可變物件被修改內容值，因為佔用同一位址，會連動影響函數外部的值。以下是函數傳值呼叫的範例。

範例程式：ex010.py

```
01  #函數宣告
02  def fun(a,b):
03      a,b=b,a
04      print('函數內交換數值後:a=%d,\tb=%d\n' %(a,b))
05
06  a=10
07  b=15
08  print('呼叫函數前的數值:a=%d,\tb=%d\n'%(a,b))
09
10  print('\n-----------------------------------')
11
12  #呼叫函數
13  fun(a,b)
14  print('\n-----------------------------------')
15  print('呼叫函數後的數值:a=%d,\tb=%d\n'%(a,b))
```

```
呼叫函數前的數值:a=10,        b=15


------------------------------------
函數內交換數值後:a=15,        b=10


------------------------------------
呼叫函數後的數值:a=10,        b=15
```

　　以下範例的參數為 List 串列，是一種可變物件（如串列），Python 在參數傳遞時，會直接以記憶體位址做傳遞，函數內串列被修改內容，因為佔用同一位址，會連動影響函數外部的值。

範例程式：ex011.py

```python
01  def change(data):
02      data[0],data[1]=data[1],data[0]
03      print('函數內交換位置後：')
04      for i in range(2):
05          print('data[%d]=%3d' %(i,data[i]),end='\t')
06
07  #主程式
08  data=[16,25]
09  print('原始資料為：')
10  for i in range(2):
11      print('data[%d]=%3d' %(i,data[i]),end='\t')
12  print('\n------------------------------------')
13  change(data)
14  print('\n------------------------------------')
15  print("排序後資料：")
16  for i in range(2):
17      print('data[%d]=%3d' %(i,data[i]),end='\t')
```

```
原始資料為：
data[0]= 16        data[1]= 25
------------------------------------------
函數內交換位置後：
data[0]= 25        data[1]= 16
------------------------------------------
排序後資料：
data[0]= 25        data[1]= 16
```

超高效！Python×Excel資料分析自動化：輕鬆打造你的完美工作法！

Python 資料分析函數庫
與外部模組

▼ ▼ ▼

Python 自發展以來累積了相當完整的標準函數庫,這些標準函數庫裡包含相當多元實用的模組,相較於模組是一個檔案,套件就像是一個資料夾,用來存放數個模組。除了內建套件外,Python 也支援第三方公司所開發的套件,這項優點不但可以加快程式的開發,也使得 Python 功能可以無限擴充,這使得其功能更為強大,受到許多使用者的喜愛。

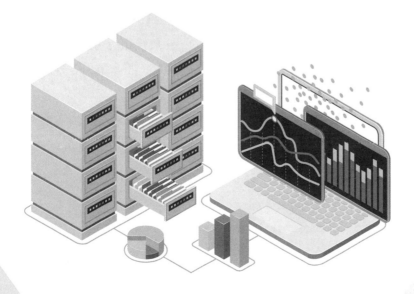

4-1 認識模組與套件

　　所謂模組是指已經寫好的 Python 檔案，也就是一個「*.py」檔案，程式檔中可以撰寫如：函數（function）、類別（class）、使用內建模組或自訂模組以及使用套件等等。

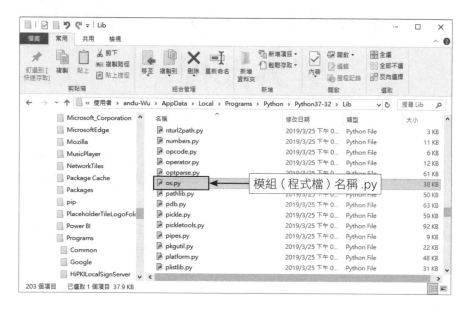

模組（程式檔）名稱 .py

　　在 Python 安裝路徑下的 Lib 資料夾中可看到程式檔名稱為 os.py，而這就是一個模組，程式檔內容可看到變數的宣告、函數定義以及匯入其他的模組。

　　套件簡單來說，就是由一堆 .py 檔集結而成的。由於模組有可能會有多個檔情況，為了方便管理以及避免與其他檔名產生衝突的情形，將會為這些分別開設目錄也就是建立出資料夾。先來看如下套件的結構：

為了能夠清楚查看，這邊將透過資料夾顯示其結構。json資料夾中包含許多 .py 檔，其中 __init__.py 其作用在於標記文件夾視為一個套件。基本上若無其他特殊需求，該檔案內容為空即可，若為建立屬於自己的套件時，可自行新增 __init__.py。

4-1-1 模組的使用

匯入模組的方式除了匯入單一模組外，也可以一次匯入多個模組，使用模組前必須先使用 import 關鍵字匯入，語法如下：

```
import 模組或套件名稱
```

就以 random 模組為例，它是一個用來產生亂數，如果要匯入該模組，語法如下：

```
import random
```

在模組中有許多函數可供程式設計人員使用，要使用模組中的函數語法如下：

```
import 模組名稱 . 函數
```

例如 random 模組中有 randint()、seed()、choice() 等函數，各位在程式中可以使用 randint()，它會產生 1 到 100 之間的整數亂數：

```
random.randint(1, 100)
```

如果每次使用套件中的函數都必須輸入模組名稱，容易造成輸入錯誤，這時可以改用底下的語法匯入套件後，在程式使用該模組中的函數。語法如下：

```
from 套件名稱 import *
```

以上述的例子來說明，我們就可以改寫成：

```
from random import *
randint(1, 10)
```

萬一模組的名稱過長，這時不妨可以取一個簡明有意義的別名，語法如下：

```
import 模組名稱 as 別名
```

有了別名之後，就可以利用「別名.函數名稱」的方式進行呼叫。

```
import math as m   #將 math 取別名為 m
print("sqrt(9)= ", m.sqrt(9))   #以別名來進行呼叫
```

4-1-2　建立自訂模組

由於 Python 提供相當豐富又多樣的模組，提供開發者能夠不需花費時間再額外去開發一些不同模組來使用，為何還需要自行定義的模組來使用呢？不能用其提供的內建模組走遍天下嗎？若多經歷過一些專案的開發後，會發現再多的模組都不一定樣樣都能符合需求，此時會需要針對要求去撰寫出符合的程式以及其邏輯。當各位累積了大量寫程式的經驗之後，必定會有許多自己寫的函數，這些函數也可以整理成模組，等到下一個專案時直接匯入就可以重複使用這些函數。

首先，開啟 Python 直譯器並點選左上角的 File 下拉選單 -> New File，畫面上會有多一個空白的程式檔並可開始撰寫程式。下面就來示範如何建立自訂模組：

範例程式：[CalculateSalary.py] 自訂模組練習

```
01  #設置底薪(BaseSalary)、結案獎金件數(Case)、職位獎金(OfficeBonus)
02  BaseSalary = 25000
03  CaseBonus = 1000
04  OfficeBonus = 5000
05
06  #請輸入職位名稱(Engineer)、結案獎金金額(CaseAmount)變數
07  Engineer = str(input("請輸入職位名稱："))
08  Case = int(input("請輸入結案案件數（整數）："))
09
10  #計算獎金 function
11  def CalculateCase(case, caseBonus):
12      return case * caseBonus
13
14  def CalculateSalary(baseSalary, officeBonus):
15      return baseSalary + officeBonus
16
17  CaseAmount = CalculateCase(Case, CaseBonus)
18  SalaryAmount = CalculateSalary(BaseSalary, OfficeBonus)
19
20  print("該工程師薪資：", CaseAmount + SalaryAmount)
```

執行結果

```
請輸入職位名稱：工程師
請輸入結案案件數(整數)：5
該工程師薪資： 35000
```

4-1-3 第三方套件集中地 PyPI

　　除了官方提供的內建程式庫、自訂建立模組外，也能透過其他第三方套件來協助，更降低開發程式的時間。PyPI（Python Package Index, 簡稱 PyPI）為 Python 第三方套件集中處，可於網址查看網頁：https://pypi.org。

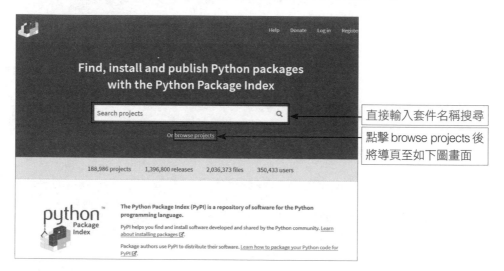

直接輸入套件名稱搜尋

點擊 browse projects 後將導頁至如下圖畫面

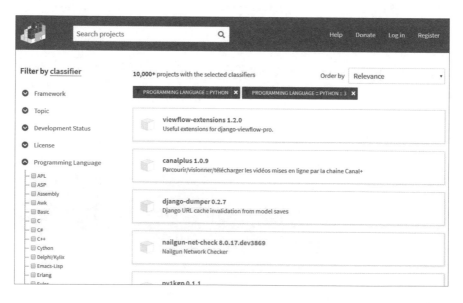

　　上圖於畫面中查看到搜尋框並輸入欲要查詢的套件名稱，亦或者點擊下方 browse projects 按鈕直接透過分類後的搜尋條件進行瀏覽。那麼，該如何進行套件

安裝呢？點擊套件進入到其詳細內容網頁，左上角會有個 pip install 套件名稱的字樣，接著就可透過 pip 下載套件。

4-1-4　pip 管理工具

pip（python install package, 簡稱 pip）為 Python 標準庫的 package 管理工具，提供查詢、安裝、升級、移除等功能。如果安裝 Python 未有包含 pip 或者未有勾選安裝，直接點擊網址：https://bootstrap.pypa.io/get-pip.py，複製其內容到 Python 直譯器另存新檔，於命令提示字元中切換到 get-pip.py 的目錄再執行：

```
python get-pip.py
```

完成 pip 安裝完成後，開啟命令提示字元取得相關支援指令：

```
pip -help
```

4-2　常見資料分析內建模組

相信大家都對模組以及套件都有相對的認識，接著將會介紹常見的資料分析內建模組。Python 標準函數庫提供許多不同功用資料分析的內建模組，供開發者可依照需求進行調用。

4-2-1　os 模組及 pathlib 模組

　　os 模組功能可用來建立檔案、檔案刪除、異動檔案名等等。相關函數列表如下：

函數	參數	用途
os.getcwd()		取得當前工作路徑
os.rename(src, dst)	src– 要修改的檔名 dst– 修改後的檔名	重新命名檔案名稱
os.listdir(path)	path – 指定路徑	列出指定路徑底下所有的檔案
os.walk(path, topdown)	path – 指定路徑 topdown– 預設 True，可排序返回後的資料	以遞迴方式搜尋指定路徑下的所有子目錄以及檔案
os.mkdir(path)	path – 指定路徑	建立目錄
os.rmdir(path)	path – 指定路徑	刪除目錄
os.remove(path)	path – 指定要移除的文件路徑	刪除指定路徑的文件

　　透過 os 模組提供的函數查詢當下工作目錄路徑：

```
os.getcwd()
```

　　取得工作目錄的路徑後可在其目錄底下操作類似於查詢 / 新增 / 編輯 / 刪除等等功能。

```
path = os.getcwd()                              # 先查詢目前工作目錄路徑
os.mkdir(path + "\\CreateFolder ")              # 於該路徑底下建立目錄，這邊需注意
                                                # 的是路徑以兩個反斜線（\\）區隔
os.rename("CreateFolder", "OldFolder")          # 修改新建立的目錄名稱
os.rmdir(path + "\\OldFolder ")                 # 透過 rmdir() 函數刪除目錄
```

Python 的 os 模組提供不少便利的功能讓我們能夠操作檔案及資料夾，在 Python 3.4 之後提供一個新模組 pathlib，這個模組以一種物件導向的觀念，將各種檔案 / 資料夾相關的操作直接封裝在類別之中，讓我們在操作檔案及資料夾時能夠以更物件導向的思維來進行操作。

pathlib 模組底下有許多類別可供使用，例如 WindowsPath、PosixPath、PurePath 等等。其中有關路徑的類別，一般的情況下只要使用 Path 類別即可。底下摘要個 Path 類別實用的方法：

- **exists() 方法**：Path 類別所提供的 exists() 方法可判斷檔案是否存在。
- **path.touch() 方法**：Path 類別所提供的 path.touch() 方法可以用來建立檔案。
- **is_file() 方法**：Path 類別所提供的 is_file() 方法判斷路徑是否為檔案。
- **is_dir () 方法**：Path 類別所提供的 is_dir () 方法判斷路徑是否為資料夾。
- **write_texl() 方法**：Path 類別所提供的 write_text() 方法可以用來讓開發者輕鬆地寫入檔案。
- **read_text() 方法**：Path 類別所提供的 read_text() 方法可以用來讓開發者輕鬆地讀取檔案。
- **unlink() 方法**：Path 類別所提供的 unlink() 方法可以用來刪除檔案。
- **stat() 方法**：Path 類別也提供 stat() 方法讓開發者可以取得檔案詳細的資訊，例如經常會使用的檔案大小。stat() 方法會回傳 os.stat_result，其中 st_size 就是我們需要的檔案大小。
- **iterdir()**：Path 類別所提供的 iterdir() 方法可以用來走訪某資料夾內的所有檔案與資料夾。

範例程式：path.py

```
01  from pathlib import Path
02  #檔案路徑
03  path = Path('myfile.txt')
04  print('建立檔案前是否有這個檔案？', path.is_file())
05  #建立檔案
06  path.touch()
```

```
07  # 檢查是否有這個檔案

08  print('建立檔案後是否有這個檔案？', path.is_file())

09  # 在檔案中寫入文字

10  path.write_text( 'happy birthday')

11  # 讀取檔案的文字並輸出

12  print('目前檔案的文字：',path.read_text())

13  # 在檔案中寫入文字會以覆寫的方式寫入檔案

14  path.write_text('I love holiday.')

15  # 讀取檔案的文字並輸出覆寫後的檔案內容

16  print('覆寫檔案的文字：',path.read_text())

17

18  # 檔案的詳細資料

19  print('檔案的詳細資料：',path.stat())

20  # 刪除檔案

21  print(path.unlink())

22  # 檢查檔案是否存在

23  print('檔案是否存在？', path.exists())
```

執行結果

```
建立檔案前是否有這個檔案？ False
建立檔案後是否有這個檔案？ True
目前檔案的文字： happy birthday
覆寫檔案的文字： I love holiday.
檔案的詳細資料： os.stat_result(st_mode=33206, st_ino=25051272927257988, st_dev=
609647843, st_nlink=1, st_uid=0, st_gid=0, st_size=15, st_atime=1636858734, st_m
time=1636858734, st_ctime=1636858734)
None
檔案是否存在？ False
```

如想進一步了解更多的方法請連上底下的網站有官方的文件說明：https://
docs.python.org/3/library/pathlib.html

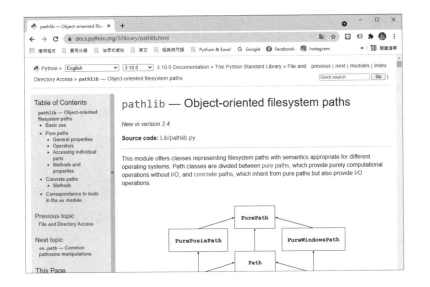

4-2-2　csv 模組

　　CSV 檔案是常見的開放資料（Open data）格式，所謂開放資料是指可以被自由使用和散佈的資料，雖然有些開放資料會要求使用者標示資料來源與所有人，但大部份政府資料的開放平台，可以免費取得，這些開放資料會以常見的開放格式於網路上公開。不同的應用程式如果想要交換資料，必須透過通用的資料格式，CSV 格式就是其中一種，全名為 Comma-Separated Values，欄位之間以逗號（ , ）分隔，與 txt 檔一樣都是純文字檔案，可以用記事本等文字編輯器編輯。

　　Python 內建 csv 模組（Module），非常輕鬆就能夠處理 CSV 檔案。csv 模組是標準模組庫模組，使用前必須先用 import 指令匯入。現在就來看看 csv 模組的用法。

　　csv 模組可以讀取 CSV 檔案也可以寫入 CSV 檔案，存取之前必須先開啟 CSV 檔案，再使用 csv.reader 方法讀取 CSV 檔案裡的內容，如下所示：

```python
import csv  # 載入 csv.py
with open("scores.csv", encoding="utf-8") as csvfile:  # 開啟檔案指定為 csvfile
    reader = csv.reader(csvfile)      # 回傳 reader 物件
    for row in reader:  # for 迴圈逐行讀取資料
        print(row)
```

open() 指令會將 CSV 文件開啟並回傳檔案物件，範例中將檔案物件指定給 csvfile 變數，預設文件使用 unicode 編碼，如果文件使用不同的編碼，必須使用 encoding 參數設定編碼。本範例所使用的 CSV 檔是 utf-8 格式，所以 encoding="utf-8"。

csv.reader() 函數會讀取 CSV 檔案轉成 reader 物件回傳，reader 物件是疊代（iterator）處理的字串（String）list 列表物件，上面程式中使用 reader 變數來接收 reader 物件，再透過 for 迴圈逐行讀取資料：

```
reader = csv.reader(csvfile)    #回傳 reader 物件
for row in reader:   #for 迴圈逐行讀取資料放入 row 變數
```

列表物件 list 是 Python 的容器資料型態（Container type），它是一串由逗號分隔的值，用中括號 [] 包起來。

TIPS　使用 with 指令開啟檔案

讀取或寫入檔案前，必須先使用 open() 函數將檔案開啟，當讀取或寫入完成時，必須使用 close() 函數將檔案關閉，確保資料已正確被讀出或寫入檔案。如果在調用 close() 方法之前發生異常，那麼 close() 方法將不會被呼叫，舉例來說：

```
f = open("scores.csv")  #開啟檔案
csvfile = f.read()      #讀取檔案內容
1 / 0                   #error
f.close()               #關閉檔案
```

第 3 行程式犯了分母為 0 的錯誤，執行到此程式就會停止執行了，所以 close() 不會被調用，這樣就可能會有檔案損壞或資料遺失的風險。有兩個方式可以避免這樣的問題，一是加上 try…except 指令捕捉錯誤；另外一個方法是使用 with 指令。Python 的 with 指令配有特殊的方法，檔案開啟之後如果程式發生異常會自動調用 close() 方法，如此一來，就能確保檔案會被正確安全地打開和關閉。

底下範例使用的 scores.csv 檔案，包含學生的三科的成績，我們需要將成績加總及計算平均分收，再以平均分數來給定最後要給定哪一種等級的分數。

範例程式：**grade.py**

```
01  # -*- coding: utf-8 -*-
02  import csv
03
04  print("{0:<3}{1:<5}{2:<4}{3:<4}{4:<5}".format("", "姓名", "總分", "平均",
    "分數"))
05  with open("scores.csv",encoding="utf-8") as csvfile:
06      x = 0
07      for row in csv.reader(csvfile):
08
09          if x > 0·
10              total_sum = int(row[1]) + int(row[2]) + int(row[3])
11              score = round(total_sum / 3, 1)
12
13              if score >= 80 :
14                  level = "A"
15              elif 60 <= score < 80:
16                  level = "B"
17              elif 50 <= score < 60:
18                  level = "C"
19              else:
20                  level = "D"
21
22              print("{0:<3}{1:<5}{2:<5}{3:<6}{4:<5}".format(x, row[0], total_sum,
    score, level))
23
24          x += 1
```

```
   姓名    總分   平均   分數
1  許東偉   261   87.0   A
2  王建和   183   61.0   B
3  許伯如   221   73.7   B
4  朱正峰   160   53.3   C
5  陳大慶   238   79.3   B
6  莊啟天   231   77.0   B
7  吳建文   274   91.3   A
8  葉正豪   261   87.0   A
```

4-3 常見資料分析外部模組

這一節將介紹常見資料分析外部模，包括：openpyx1、pandas 及 numpy。

4-3-1 openpyx1

Python 的 openpyxl 模組可用來讀取或寫入 Office Open XML 格式的 Excel 檔案，支援的檔案類型有 xlsx、xlsm、xltx、xltm，接著將示範如何使用 openpyxl 模組來讀取並修改 Excel 檔案的一些基礎指令。若要讀取 Excel 檔案，可以利用 openpyxl 中的 load_workbook 函數，指令如下：

```python
from openpyxl import load_workbook
wb = load_workbook('excelfile.xlsx')  # 讀取 Excel 檔案
```

其中 load_workbook 函數會將 Excel 檔案載入之後，會得到一個活頁簿（workbook）的物件。接著我們就可以針對這個活頁簿物件透過 Python 進行各位資料的操作行為。除了這個方法之後，我們也可以直接利用下列語法建立活頁簿（workbook）的物件。

```python
wb2 = Workbook()
```

上面示範如何利用 Python 讀取 Excel 檔案或直接建立活頁簿物件，當我們針對活頁簿物件的工作表內容進行修改之後，如果要將活頁簿物件儲存至 Excel 檔案中，則可使用活頁簿的 save 函數：指令如下：

```
wb.save('result.xlsx')
```

4-3-2 pandas

pandas 是 Python 的一個資料分析函式庫，提供如 DataFrame 等十分容易操作的資料結構，尤其在進行資料分析的工作，它是一種非常方便的工具。Pandas 是 python 的一個數據分析函數庫，提供非常簡易使用的資料格式（Data Frame），可以幫助使用者可以快速操作及分析資料。Pandas 提供兩種主要的資料結構，Series 與 DataFrame。Series 是一個類似陣列的物件，主要為建立索引的一維陣列。

最簡單的 Series 格式就是一個一維陣列的資料：

```
s1= pd.Series([1, 3, 5, 9])
```

指令操作如下所示：

```
>>> import pandas as pd
>>> s1= pd.Series([1, 3, 5, 9])
>>> s1
0    1
1    3
2    5
3    9
dtype: int64
```

而 DataFrame 則是用來處理類似表格特性的資料，有列索引與欄標籤的兩種維度資料集，例如 EXCEL、CSV 等等。要建立一個 DataFrame 可以使用 pandas 模組下的 pd.DataFrame() 方法，指令操作如下所示：

```
>>> import pandas as pd
>>> df=pd.DataFrame(["apple","banana","mango","watermelon"])
>>> df
            0
0        apple
1       banana
2        mango
3   watermelon
```

上述指令中只傳入單一列表時，輸出的欄位只有一欄，各位有注意到，其索引值是以 0 為起始值，事實上，除了傳入單一列表之外，也可以傳入巢狀列表，同時我們也可以在 pd.DataFrame() 方法中的參數設定欄位及列位的名稱，底下的例子就是幾種建立 DataFrame 物件的操作實例。

範例程式：**dataframe.py**

```
01  import pandas as pd
02  pd.set_option('display.unicode.ambiguous_as_wide', True)
03  pd.set_option('display.unicode.east_asian_width', True)
04  pd.set_option('display.width', 180) # 設置寬度
05
06  df=pd.DataFrame(["apple","banana","mango","watermelon"])
07  print(df)
08  print()
09  df=pd.DataFrame([("apple","蘋果"),("banana","香蕉"),
10                  ("mango","芒果"),("watermelon","西瓜")])
11  print(df)
12  print()
13  df=pd.DataFrame([["apple","蘋果"],["banana","香蕉"],
14                  ["mango","芒果"],["watermelon","西瓜"]])
15  print(df)
16  print()
```

執行結果

```
            0
0       apple
1      banana
2       mango
3  watermelon

            0     1
0       apple  蘋果
1      banana  香蕉
2       mango  芒果
3  watermelon  西瓜

            0     1
0       apple  蘋果
1      banana  香蕉
2       mango  芒果
3  watermelon  西瓜
```

範例程式：dataframe1.py

```
01  import pandas as pd
02  pd.set_option('display.unicode.ambiguous_as_wide', True)
03  pd.set_option('display.unicode.east_asian_width', True)
04  pd.set_option('display.width', 180) # 設置寬度
05
06  df=pd.DataFrame([["apple","蘋果"],["banana","香蕉"],
07                  ["mango","芒果"],["watermelon","西瓜"]],
08                  columns=["英文","中文"],
09                  index=["單字1","單字2","單字3","單字4"])
10  print(df)
11  print()
```

執行結果

```
            英文   中文
單字1        apple  蘋果
單字2       banana  香蕉
單字3        mango  芒果
單字4   watermelon  西瓜
```

下列範例會介紹利用 Dictionary 來建立 DataFrame。

範例程式：dataframe2.py

```
01  import pandas as pd
02  pd.set_option('display.unicode.ambiguous_as_wide', True)
03  pd.set_option('display.unicode.east_asian_width', True)
04  pd.set_option('display.width', 180) # 設置寬度
05
06  eng = ["apple", "banana", "mango", "watermelon"]
07  chi = ["蘋果", "香蕉", "芒果", "西瓜"]
08
09  dict = {"英文": eng,"中文": chi}
10  df = pd.DataFrame(dict,index=["單字1","單字2","單字3","單字4"])
11  print(df)
```

	英文	中文
單字1	apple	蘋果
單字2	banana	香蕉
單字3	mango	芒果
單字4	watermelon	西瓜

我們可以將 EXCEL 檔案載入至 Pandas 的資料結構物件後,再透過該結構化物件所提供的方法,來快速地進行資料的整理工作,例如去除異常值、空值去除或利用取代功能進行資料補值等工作。

4-3-3　numpy

NumPy 是 Python 語言的第三方套件,NumPy 套件支援大量的陣列與矩陣運算,並且針對陣列運算提供大量的數學函式。在 NumPy 有許多子套件可以用來處理亂數、多項式…等運算,可以說是處理陣列運算的最佳輔助套件,如果想進一步查看 NumPy 的套件詳細說明,可以連上 NumPy 官方網站 (http://www.numpy.org)。

▲ NumPy 官方網站 http://www.numpy.org

NumPy 是一個專門作為陣列處理的套件，它同時支援多維陣列與矩陣的運算，接著將示範如何利用 NumPy 快速產生陣列，不過要使用這個第三方套件前，必須先行以下列語法將其匯入：

```
import numpy as np
```

NumPy 套件所提供的資料型別叫做 ndarray（n-dimension array, n 維陣列），所謂 n 維表示一維、二維或三維以上，特別要補充說明的是，這個陣列物件內的每一個元素必須是相同的資料型別。底下的例子會呼叫 NumPy 套件的 array() 函數，並建立一個型別為 ndarray 包含 5 個相同資料型別元素的陣列物件，並同時將此陣列物件指派給變數 num，再以 for 迴圈將陣列中的元素逐一輸出。

範例程式：【numpy01.py】使用 NumPy 套件建立一維陣列

```
01   import numpy as np
02
03   num=np.array([87,98,90,95,86])
04
05   for i in range(5):
06       print(num[i])
```

執行結果

```
87
98
90
95
86
```

ndarray 型別有幾個屬性，如果能事先了解這些屬性的功能與特性將有助於程式的寫作，底下為 ndarray 型別重要屬性的相關說明：

- ndarray.ndim：陣列的維度。
- ndarray.T：如同 self.transpose()，但如果陣列的維度 self.ndim < 2，則會回傳自己本身的陣列。

- **ndarray.data**：是一種 Python 緩衝區物件，會指向陣列元素的開頭，不過如同前面介紹的方式，通常在存取陣列內的元素時，會直接透過陣列的名稱及該元素在陣列中的索引位置。

- **ndarray.dtype**：陣列元素的資料型別。

- **ndarray.size**：陣列元素的個數。

- **ndarray.itemsize**：陣列中每一個元素的大小，以位元組為計算單位，例如，numpy.int32 型別的元素大小為 32/8=4 位元組。numpy.float64 型別的元素大小為 64/8=8 位元組。

- **ndarray.nbytes**：陣列中所有元素所佔用的總位元組數。

- **ndarray.shape**：陣列的形狀，它是一個整數序對（tuple），序對中各個整數表示各個維度的元素個數。

接著再另外介紹幾種常見的陣列建立方式：

◉ 使用 array() 函數並指定元素的型別

呼叫 NumPy 套件的 array() 函數，會建立一個型別為 ndarray 相同資料型別元素的陣列物件。事實上在建立陣列的過程中還可以指定資料型態，例如：

```
>>>import numpy as np
>>>num=np.array([7,  9, 23, 15],dtype=float) # 指定元素的資料型別為 float
>>>num # 輸出變數 num 的內容
array([ 7.,  9., 23., 15.])
>>>num.dtype  # 輸出變數 num 的元素內容的資料型別
dtype('float64')
```

◉ 使用 arange() 函數建立數列

這個函數可以藉由指定數列的起始值、終止值、間隔值及元素內容的資料型別自動建立一維陣列，例如：

```
# 設定起始值、終止值、間隔值及資料型別為 int
>>>np.arange(start=10, stop=100, step=20, dtype=int)
array([10, 30, 50, 70, 90])
```

```
>>># 設定起始值、終止值、間隔值及資料型別為 float
>>>np.arange(start=1, stop=3, step=0.5, dtype=float)
array([ 1. ,  1.5,  2. ,  2.5])
>>># 省略 start、stop、step 的寫法
>>>np.arange(1, 3, 0.5, dtype=float)
array([ 1. ,  1.5,  2. ,  2.5])
>>>np.arange(6,10) # 只設定起始值及終止值，間隔值預設為 1
array([6, 7, 8, 9])
>>>np.arange(10) # 會產生由數值 0 到 10( 不含 10) 之間的整數
array([0, 1, 2, 3, 4, 5, 6, 7, 8, 9])
```

底下範例將綜合實作陣列的建立與 ndarray 型別的重要屬性。

```
>>>import numpy as np
>>>a = np.arange(15).reshape(3, 5)
>>>a
array([[ 0,  1,  2,  3,  4],
       [ 5,  6,  7,  8,  9],
       [10, 11, 12, 13, 14]])
>>>a.shape
(3, 5)
>>>a.ndim
2
>>>a.dtype.name
'int32'
>>>a.size
15
>>>type(a)
<class numpy.ndarray>
>>>b = np.array([7, 9, 23,15])
>>>b
array([ 7,  9, 23, 15])
>>>type(b)
numpy.ndarray
```

底下將示範一維陣列、二維陣列及三維陣列的輸出方式，例如：

```
>>>a = np.arange(10)  #一維陣列的輸出
>>>print(a)
[0 1 2 3 4 5 6 7 8 9]
>>>b = np.arange(15).reshape(3,5)  #二變陣列的輸出
>>>print(b)
[[ 0  1  2  3  4]
 [ 5  6  7  8  9]
 [10 11 12 13 14]]
>>>c = np.arange(12).reshape(2,3,2) #三維陣列的輸出
>>>print(c)
[[[ 0  1]
  [ 2  3]
  [ 4  5]]

 [[ 6  7]
  [ 8  9]
  [10 11]]]
```

當陣列元素個數大到無法全部輸出時，NumPy 會自動省略中間的部份，只輸出各個陣列的邊界值，例如：

```
>>>print(np.arange(20000))
[    0     1     2 ..., 19997 19998 19999]
>>>print(np.arange(20000).reshape(200,100))
[[    0     1     2 ...,    97    98    99]
 [  100   101   102 ...,   197   198   199]
 [  200   201   202 ...,   297   298   299]
 ...,
 [19700 19701 19702 ..., 19797 19798 19799]
 [19800 19801 19802 ..., 19897 19898 19899]
 [19900 19901 19902 ..., 19997 19998 19999]]
```

資料取得與資料整理

▼ ▼ ▼

資料的取得管道不外乎從外部資料匯入或自行新增的兩種管道,當我們從外部檔案或資料庫匯入資料後,還有一項重要工作就是要為資料進行一些處理動作,這些處理動作可能包括去除重複的資料、資料的取代或是一些異常值的處理,這些處理工作在 Excel 已有不錯的工具進行處理,如果想要利用 Python 語言將 Excel 或 csv 格式的資料匯入,甚至進一步作資料的整理工作,這些 pandas 內重要的函數,包含資料的顯示、新增、刪除與排序,我們將會於本單元中加以陳述。

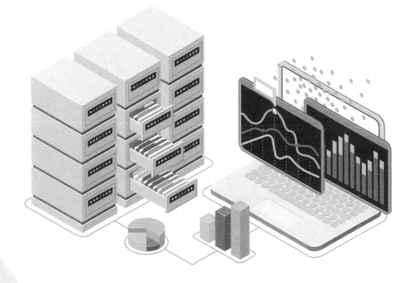

▲ Excel「移除重複」功能可將重複的部分自動刪除

5-1 資料匯入與新增

　　要匯入必須使用外部模組pandas的read_excel()方法，事實上，這是一系列的方法，除了可以匯入excel的檔案格式外，也可以利用read_csv()方法來匯入.csv檔案格式。接下來我們就來示範這些方法的各種實例。不過要使用這些方法之前，必須先確認已安裝了外部模組pandas，Python安裝方式一樣都是透過 pip install 即可完成安裝，如果還沒有安裝這兩個模組，可以在「命令提示字元」輸入以下的兩道指令，語法如下：

```
pip install pandas
```

　　有關如何透過Python指令去操作活頁簿物件的工作表或儲存格的相關操作，我們在後續的章節還會作更詳細的介紹。本章主要以介紹pandas模組來操作Excel檔案相關指令的介紹為主，請接著看以下的說明。我們也可以從Excel讀取資料進入Dataframe，再將處理完的資料存回Excel檔案中。

5-1-1　匯入 .xlsx 檔案格式

要使用 Python 匯入 .xlsx 檔案格式必須透過 pandas 模組的 read_excel() 方法，這個方法最簡單的方式就是只傳入一個參數，語法如下：

```
read_excel("檔案名稱 .xlsx")
```

底下例子我們所匯入的資料是以英文為主，各位可以看出輸出結果並沒有無法對齊的問題。

範例檔案：import01.xlsx

	A	B
1	Number	Week
2	one	Monday
3	two	Tuesday
4	three	Wednesday

範例程式：import01.py

```
01　import pandas as pd
02　df=pd.read_excel("import01.xlsx")
03　print(df)
```

執行結果

```
   Number       Week
0     one     Monday
1     two    Tuesday
2   three  Wednesday
```

程式解析

* 第 1 行：匯入 pandas 套件並以 pd 作為別名。

* 第 2 行：使用 pandas 模組的 read_excel() 方法匯入「import01.xlsx」檔案。

* 第 3 行：輸出資料表內容，各位可以注意到這些英文內容，在輸出時沒有無法對齊的問題。

但是如果我們所輸入的資料中包括中文，同樣的語法從 Excel 檔匯入後，並利用 print() 指令輸出資料，就會出現中文無法對齊的外觀，例如以下的程式範例。

範例檔案：import01_chi.xlsx

	A	B
1	數字	星期
2	one	Monday
3	two	Tuesday
4	three	Wednesday

範例程式：import01_chi.py

```
01  import pandas as pd
02  df=pd.read_excel("import01_chi.xlsx")
03  print(df)
```

執行結果

```
      數字      星期
0     one     Monday
1     two     Tuesday
2     three   Wednesday
```

中文資料會產生無法對齊的問題

程式解析

＊ 第 1 行：匯入 pandas 套件並以 pd 作為別名。

＊ 第 2 行：使用 pandas 模組的 read_excel() 方法匯入「import01_chi.xlsx」檔案。

＊ 第 3 行：輸出資料表內容，這個 Excel 原始檔案中包含了中文及英文，各位可以注意到，在輸出時中文資料會產生無法對齊的問題。

其實如果要修正輸出外觀中文不對齊的問題，只要加入底下三道指令就可以解決這個中文無法對齊的問題，這三道指令如下：

```
pd.set_option('display.unicode.ambiguous_as_wide', True)
pd.set_option('display.unicode.east_asian_width', True)
pd.set_option('display.width', 180) # 設置寬度
```

請看底下的完整範例程式碼及程式執行結果，就可以看出中文也可以精準地對齊。

	A	B
1	數字	星期
2	one	Monday
3	two	Tuesday
4	three	Wednesday

```
01   import pandas as pd
02   df=pd.read_excel("import01_chi.xlsx")
03   pd.set_option('display.unicode.ambiguous_as_wide', True)
04   pd.set_option('display.unicode.east_asian_width', True)
05   pd.set_option('display.width', 180) # 設置寬度
06   print(df)
```

執行結果

```
    數字       星期
0    one     Monday
1    two    Tuesday
2   three  Wednesday
```

程式解析

* 第 1 行：匯入 pandas 套件並以 pd 作為別名。

* 第 2 行：使用 pandas 模組的 read_excel() 方法匯入「import01_chi.xlsx」檔案。

* 第 3~5 行：加入底下三道指令就可以解決這個中文無法對齊的問題。

* 第 6 行：輸出資料表內容，這個 Excel 原始檔案中包含了中文及英文，各位可以注意到，在輸出時中文也可以精準地對齊。

除了上述的方式，我們也可以指定匯入這個活頁簿檔案的哪一個工作表，要指定工作表必須傳入另一個參數名稱 sheet_name，設定格式如下：

```
read_excel(" 檔案名稱 .xlsx", sheet_name=" 工作表名稱 ")
```

除了直接指定工作表名稱外，也能以數值設定給 sheet_name，第一張工作表的數值為 0，第二張工作表的數值為 1，第三張工作表的數值為 2，…. 以此類推，接著我們以另一個例子來示範如何讀取活頁簿中的指定工作表，並將該工作表內容進行輸出。

範例檔案：import02.xlsx

	A	B
1	數字	星期
2	one	Monday
3	two	Tuesday
4	three	Wednesday

範例程式：import02.py

```
01  import pandas as pd
02  pd.set_option('display.unicode.ambiguous_as_wide', True)
03  pd.set_option('display.unicode.east_asian_width', True)
04  pd.set_option('display.width', 180) # 設置寬度
05  df=pd.read_excel("import02.xlsx", sheet_name=" 工作表 1")
06  print(df)
```

執行結果

```
    數字       星期
0    one    Monday
1    two    Tuesday
2  three  Wednesday
```

程式解析

* 第 1 行：匯入 pandas 套件並以 pd 作為別名。

* 第 2~4 行：加入底下三道指令就可以解決這個中文無法對齊的問題。

* 第 5 行：讀取活頁簿中的指定工作表，並將該工作表內容進行輸出。

上圖中各位可以看出列的預設索引是以 0 開始，實實上我們也可以透過 index_col 參數來設定列索引，請參考底下的程式：

	A	B
1	數字	星期
2	one	Monday
3	two	Tuesday
4	three	Wednesday

```python
01  import pandas as pd
02  pd.set_option('display.unicode.ambiguous_as_wide', True)
03  pd.set_option('display.unicode.east_asian_width', True)
04  pd.set_option('display.width', 180) # 設置寬度
05  df=pd.read_excel("import03.xlsx", sheet_name=" 工作表 1", index_col=0)
06  print(df)
```

執行結果

```
            星期
數字
one      Monday
two      Tuesday
three    Wednesday
```

程式解析

* 第 1 行：匯入 pandas 套件並以 pd 作為別名。

* 第 2~4 行：加入底下三道指令就可以解決這個中文無法對齊的問題。

* 第 5 行：透過 index_col 參數來設定列索引。

另外在匯入 DataFrame 時，它的欄索引預設是以第一列作其欄索引，如果要自行指定欄索引則必須透過參數 header 來進行設定，這個參數預設值為 0，即是以第一列作為欄索引，如果要指定第二列作為欄索引，則參數 header 必須設定為 1，同理，如果要指定第三列作為欄索引，則參數 header 必須設定為 2，以此類推。請看接下來的例子。

	A	B
1	水果	顏色
2	banana	yellow
3	apple	red
4	grape	purple

範例程式：import04.py

```
01   import pandas as pd
02   pd.set_option('display.unicode.ambiguous_as_wide', True)
03   pd.set_option('display.unicode.east_asian_width', True)
04   pd.set_option('display.width', 180) # 設置寬度
05   df=pd.read_excel("table.xlsx", sheet_name="工作表1", header=0)
06   print(df)
```

執行結果

```
     水果      顏色
0   banana   yellow
1   apple    red
2   grape    purple
```

程式解析

* 第1行：匯入 pandas 套件並以 pd 作為別名。

* 第2~4行：加入底下三道指令就可以解決這個中文無法對齊的問題。

* 第5行：如果要自行指定欄索引則必須透過參數 header 來進行設定，這個參數 預設值為 0，即是以第一列作為欄索引。

下一個例子則示範如何只取出指定欄的內容，例如只取出 B 欄及 D 欄的資 料，其完整的程式碼如下：

範例檔案：table1.xlsx

	A	B	C	D
1	水果	顏色	數字	季節
2	banana	yellow	one	spring
3	apple	red	two	summer
4	grape	purple	three	fall

範例程式：import05.py

```
01  import pandas as pd
02  pd.set_option('display.unicode.ambiguous_as_wide', True)
03  pd.set_option('display.unicode.east_asian_width', True)
04  pd.set_option('display.width', 180) # 設置寬度
05  df=pd.read_excel("table1.xlsx", sheet_name="工作表1", header=0,usecols=[1,3])
06  print(df)
```

執行結果

```
     顏色     季節
0  yellow  spring
1     red  summer
2  purple    fall
```

程式解析

* 第 1 行：匯入 pandas 套件並以 pd 作為別名。

* 第 2~4 行：加入底下三道指令就可以解決這個中文無法對齊的問題。

* 第 5 行：只取出 B 欄及 D 欄的資料。

5-1-2　匯入 .csv/.txt 檔案格式

　　我們可以透過匯入 .csv/.txt 檔案格式從來源讀取檔案內容，並將資料放入 DataFrame 中，再來進行資料篩選、資料檢視、資料取代、資料異常處理、資料切片等運算。要讀取 CSV 檔案的語法如下：

```
import pandas as pd # 引用套件並縮寫為 pd
df = pd.read_csv('test.csv')
print(df)
```

接著就以實際例子來示範如何讀取 CSV 檔案，並將檔案內容進行輸出。

範例檔案：table1.csv

```
水果,顏色,數字,季節
banana,yellow,one,spring
apple,red,two,summer
grape,purple,three,fall
```

範例程式：import_csv.py

```
01  import pandas as pd
02  pd.set_option('display.unicode.ambiguous_as_wide', True)
03  pd.set_option('display.unicode.east_asian_width', True)
04  pd.set_option('display.width', 180) # 設置寬度
05  df=pd.read_csv("table1.csv",encoding="big5")
06  print(df)
```

執行結果

```
     水果      顏色     數字      季節
0  banana  yellow    one   spring
1   apple     red    two   summer
2   grape  purple  three     fall
```

程式解析

* 第 1 行：匯入 pandas 套件並以 pd 作為別名。

* 第 2~4 行：加入底下三道指令就可以解決這個中文無法對齊的問題。

* 第 5~6 行：讀取 CSV 檔案，並將檔案內容進行輸出。

下一個例子來示範如何讀取 TXT 檔案，並將檔案內容進行輸出。

範例檔案：table1.txt

```
水果      顏色      數字      季節
banana   yellow   one      spring
apple    red      two      summer
grape    purple   three    fall
```

範例程式：import_txt.py

```
01  import pandas as pd
02  pd.set_option('display.unicode.ambiguous_as_wide', True)
03  pd.set_option('display.unicode.east_asian_width', True)
04  pd.set_option('display.width', 180)  # 設置寬度
05  df=pd.read_csv("table1.txt", sep="\t")
06  print(df)
```

執行結果

```
      水果      顏色      數字      季節
0   banana   yellow     one   spring
1    apple      red     two   summer
2    grape   purple   three     fall
```

程式解析

* 第 1 行：匯入 pandas 套件並以 pd 作為別名。

* 第 2~4 行：加入底下三道指令就可以解決這個中文無法對齊的問題。

* 第 5~6 行：讀取 TXT 檔案，並將檔案內容進行輸出。

5-2 資料讀取與取得資訊

　　當我們將外部檔案透過 pandas 模組匯入之後，接著就可以針對這個 pandas 的資料結構物件進行讀取及資料預覽，除此之外，我們也可以藉助 info() 函數可以

查看檔案的資訊；使用 shape 屬性檢查檔案大小；或利用 value_counts() 觀察出某些數值的出現次數；也可以藉助 describe() 取得數值分佈的各種統計資訊，這些相關工作的操作技巧會是本小節的介紹重點。

5-2-1 資料讀取

如果要顯示某一特定欄位的前幾筆資料，例如 ' 學生 ' 欄位，其語法如下：

```
df[' 學生 '][0:5]
```

但是如果要一次顯示多項欄位資訊時，就必須分別將這些欄位名稱列出，中間以逗號隔開，例如底下的語法：

```
df[[' 學生 ',' 校內檢測 ']]
```

如果各位仔細查看語法，應該注意到要一次顯示多項欄位的資料時，事實上是用 Python 的 list（列表）資料型當作參數。

範例檔案：**exam.xlsx**

	A	B	C	D	E
1	學生	學號	初級	複試	校內檢測
2	許富強	A001	58	58	62
3	邱瑞祥	A002	62	68	67
4	朱正富	A003	63	64	72
5	陳貴玉	A004	87	90	86
6	莊自強	A005	46	60	54
7	陳大慶	A006	95	68	88
8	莊照如	A007	78	96	84
9	吳建文	A008	87	94	85
10	鍾英誠	A009	69	93	79
11	賴唯中	A010	67	87	78

範例程式：**read.py**

```
01  import pandas as pd
02  df=pd.read_excel("exam.xlsx")
03  pd.set_option('display.unicode.ambiguous_as_wide', True)
04  pd.set_option('display.unicode.east_asian_width', True)
```

```
05  pd.set_option('display.width', 180) # 設置寬度
06
07  #資料庫內容
08  print(df)
09  print()
10  print(" 資料庫前五列學生欄位的內容 :")
11  print(df['學生'][0:5])
12  print()
13  print(" 資料庫前三列學生欄位及校內檢測的內容 :")
14  print(df[['學生','校內檢測']][0:3])
15  print()
```

執行結果

```
    學生    學號    初級    複試    校內檢測
0   許富強  A001    58    58     62
1   邱瑞祥  A002    62    68     67
2   朱正富  A003    63    64     72
3   陳貴玉  A004    87    90     86
4   莊自強  A005    46    60     54
5   陳大慶  A006    95    68     88
6   莊照如  A007    78    96     84
7   吳建文  A008    87    94     85
8   鍾英誠  A009    69    93     79
9   賴唯中  A010    67    87     78

資料庫前五列學生欄位的內容:
0    許富強
1    邱瑞祥
2    朱正富
3    陳貴玉
4    莊自強
Name: 學生, dtype: object

資料庫前三列學生欄位及校內檢測的內容:
    學生    校內檢測
0   許富強      62
1   邱瑞祥      67
2   朱正富      72
```

程式解析

* 第 1 行：匯入 pandas 套件並以 pd 作爲別名。

* 第 2 行：讀取指定檔名的 Excel 檔案。

* 第 3~5 行：加入底下三道指令就可以解決這個中文無法對齊的問題。

＊第8行：輸出原資料庫內容。

＊第10行：輸出資料庫前五列學生欄位的內容。

＊第14行：資料庫前三列學生欄位及校內檢測的內容。

5-2-2 前幾筆及後幾筆資料預覽

head() 函數是用來預覽前面幾筆資料，在預設的情況下會顯示前5筆資料，其語法如下：

```
df.head()
```

如果你要自行決定要顯示前幾筆資料，只要在函數中傳入數字，例如：10，就會顯示10筆資料，其語法如下：

```
df.head(10)
```

同樣的道理，tail() 函數是用來預覽後面幾筆資料，在預設的情況下會顯示前5筆資料，其語法如下：

```
df.tail()
```

如果你要自行決定要顯示後面幾筆資料，只要在函數中傳入數字，例如：10，就會顯示10筆資料，其語法如下：

```
df.tail(10)
```

例如下圖，匯入資料後分別顯示前五筆資料與最後三筆資料：

範例程式：head_tail.py 範例檔案：exam.xlsx

```
01  import pandas as pd
02  df=pd.read_excel("exam.xlsx")
03  pd.set_option('display.unicode.ambiguous_as_wide', True)
```

```
04  pd.set_option('display.unicode.east_asian_width', True)
05  pd.set_option('display.width', 180) # 設置寬度
06
07  #資料庫內容
08  print(df)
09  print()
10  print("資料庫前五列內容:")
11  print(df.head())
12  print()
13  print("資料庫後三列內容:")
14  print(df.tail(3))
15  print()
```

執行結果

```
       學生   學號   初級   複試   校內檢測
0    許富強  A001    58    58        62
1    邱瑞祥  A002    62    68        67
2    朱正富  A003    63    64        72
3    陳貴玉  A004    87    90        86
4    莊自強  A005    46    60        54
5    陳大慶  A006    95    68        88
6    莊照如  A007    78    96        84
7    吳建文  A008    87    94        85
8    鍾英誠  A009    69    93        79
9    賴唯中  A010    67    87        78

資料庫前五列內容:
       學生   學號   初級   複試   校內檢測
0    許富強  A001    58    58        62
1    邱瑞祥  A002    62    68        67
2    朱正富  A003    63    64        72
3    陳貴玉  A004    87    90        86
4    莊自強  A005    46    60        54

資料庫後三列內容:
       學生   學號   初級   複試   校內檢測
7    吳建文  A008    87    94        85
8    鍾英誠  A009    69    93        79
9    賴唯中  A010    67    87        78
```

程式解析

＊ 第 1 行：匯入 pandas 套件並以 pd 作爲別名。

＊ 第 2 行：讀取指定檔名的 Excel 檔案。

* 第 3~5 行：加入底下三道指令就可以解決這個中文無法對齊的問題。

* 第 8 行：輸出原資料庫內容。

* 第 11 行：輸出資料庫前五列內容。

* 第 14 行：輸出資料庫後三列內容。

5-2-3　查看檔案資訊及資料類型—info()

　　info() 函數可以查看檔案的資訊，這些資訊包括了這個檔案有多少個欄位，每個欄位的大小及資料類型等資訊，其語法如下：

```
df.info()
```

範例程式：info.py 範例檔案：exam.xlsx

```
01  import pandas as pd
02  df=pd.read_excel("exam.xlsx")
03  pd.set_option('display.unicode.ambiguous_as_wide', True)
04  pd.set_option('display.unicode.east_asian_width', True)
05  pd.set_option('display.width', 180) # 設置寬度
06
07  #資料庫內容
08  print(df)
09  print()
10  print("查看檔案的資訊:")
11  print(df.info())
```

```
     學生    學號   初級   複試   校內檢測
0   許富強   A001    58    58      62
1   邱瑞祥   A002    62    68      67
2   朱正富   A003    63    64      72
3   陳貴玉   A004    87    90      86
4   莊自強   A005    46    60      54
5   陳大慶   A006    95    68      88
6   莊照如   A007    78    96      84
7   吳建文   A008    87    94      85
8   鍾英誠   A009    69    93      79
9   賴唯中   A010    67    87      78

查看檔案的資訊:
<class 'pandas.core.frame.DataFrame'>
RangeIndex: 10 entries, 0 to 9
Data columns (total 5 columns):
 #    Column   Non-Null Count  Dtype
---   ------   --------------  -----
 0    學生        10 non-null    object
 1    學號        10 non-null    object
 2    初級        10 non-null    int64
 3    複試        10 non-null    int64
 4    校內檢測      10 non-null    int64
dtypes: int64(3), object(2)
memory usage: 528.0+ bytes
None
```

程式解析

* 第 1 行:匯入 pandas 套件並以 pd 作為別名。

* 第 2 行:讀取指定檔名的 Excel 檔案。

* 第 3~5 行:加入底下三道指令就可以解決這個中文無法對齊的問題。

* 第 8 行:輸出原資料庫內容。

* 第 11 行:info() 函數可以查看檔案的資訊,這些資訊包括了這個檔案有多少個欄位,每個欄位的大小及資料類型等資訊。

5-2-4　指定欄位的資料類型－dtype

　　上面的 info() 函數可以查看出每一個欄位的資料類型,而 dtypes 屬性,則可以找出 DataFrame 指定欄位的資料類型。例如要取得學號欄位的資料類型,可以透過底下的指令:

```
df[" 學號 "].dtype
```

```
01   import pandas as pd
02   df=pd.read_excel("exam.xlsx")
03   pd.set_option('display.unicode.ambiguous_as_wide', True)
04   pd.set_option('display.unicode.east_asian_width', True)
05   pd.set_option('display.width', 180) # 設置寬度
06
07   # 資料庫內容
08   print(df)
09   print()
10   print("取得學生欄位的資料類型:")
11   print(df["學生"].dtype)
12   print("取得學號欄位的資料類型:")
13   print(df["學號"].dtype)
14   print("取得校內檢測欄位的資料類型:")
15   print(df["校內檢測"].dtype)
```

執行結果

```
     學生    學號   初級   複試   校內檢測
0   許富強  A001   58   58      62
1   邱瑞祥  A002   62   68      67
2   朱正富  A003   63   64      72
3   陳貴玉  A004   87   90      86
4   莊自強  A005   46   60      54
5   陳大慶  A006   95   68      88
6   莊照如  A007   78   96      84
7   吳建文  A008   87   94      85
8   鍾英誠  A009   69   93      79
9   賴唯中  A010   67   87      78

取得學生欄位的資料類型:
object
取得學號欄位的資料類型:
object
取得校內檢測欄位的資料類型:
int64
```

程式解析

* 第 1 行：匯入 pandas 套件並以 pd 作為別名。

* 第 2 行：讀取指定檔名的 Excel 檔案。

* 第 3~5 行：加入底下三道指令就可以解決這個中文無法對齊的問題。

* 第 8 行：輸出原資料庫內容。

* 第 11 行：取得學生欄位的資料類型。

* 第 13 行：取得學號欄位的資料類型。

* 第 15 行：取得校內檢測欄位的資料類型。

5-2-5　檔案的大小─shape 屬性

要如何知道檔案的大小呢？使用 shape 屬性。其語法如下：

```
df.shape
```

其執行結果會以一組括號來顯示這個檔案目前由多少列（rows）及多少行（columns）所組成，例如下圖的輸出結果為範例檔案「exam.xlsx」的檔案大小的執行外觀：

範例程式：shape.py　範例檔案：exam.xlsx

```
01  import pandas as pd
02  df=pd.read_excel("exam.xlsx")
03  pd.set_option('display.unicode.ambiguous_as_wide', True)
04  pd.set_option('display.unicode.east_asian_width', True)
05  pd.set_option('display.width', 180) # 設置寬度
06
07  #資料庫內容
08  print(df)
09  print()
10  print(" 檢查檔案大小 :")
11  print(' 會以一組括號來顯示這個檔案目前由多少列 (rows) 及多少行 (columns)')
12  print(df.shape)
```

```
   學生  學號   初級  複試  校內檢測
0  許富強  A001   58   58      62
1  邱瑞祥  A002   62   68      67
2  朱正富  A003   63   64      72
3  陳貴玉  A004   87   90      86
4  莊自強  A005   46   60      54
5  陳大慶  A006   95   68      88
6  莊照如  A007   78   96      84
7  吳建文  A008   87   94      85
8  鍾英誠  A009   69   93      79
9  賴唯中  A010   67   87      78

檢查檔案大小:
會以一組括號來顯示這個檔案目前由多少列(rows)及多少行(columns)
(10, 5)
```

程式解析

* 第 1 行：匯入 pandas 套件並以 pd 作爲別名。

* 第 2 行：讀取指定檔名的 Excel 檔案。

* 第 3~5 行：加入底下三道指令就可以解決這個中文無法對齊的問題。

* 第 8 行：輸出原資料庫內容。

* 第 12 行：使用 shape 屬性檢查檔案大小，它會以一組括號來顯示這個檔案目前
  由多少列（rows）及多少行（columns）。

5-2-6　計數 value_counts()

　　value_counts() 這個函數會傳回一個包含唯一值計數的數列，從這個數列中我
們可以觀察出某些數值的出現次數。

範例檔案：exam.xlsx

	A	B	C	D	E
1	學生	學號	初級	複試	校內檢測
2	許富強	A001	58	58	62
3	邱瑞祥	A002	62	68	67
4	朱正富	A003	63	64	72
5	陳貴玉	A004	87	90	86
6	莊自強	A005	46	60	54
7	陳大慶	A006	95	68	88
8	莊照如	A007	78	96	84
9	吳建文	A008	87	94	85
10	鍾英誠	A009	69	93	79
11	賴唯中	A010	67	87	78

範例程式：value_counts.py

```
01   import pandas as pd
02   df=pd.read_excel("exam.xlsx")
03   pd.set_option('display.unicode.ambiguous_as_wide', True)
04   pd.set_option('display.unicode.east_asian_width', True)
05   pd.set_option('display.width', 180) # 設置寬度
06
07   print("取得複試欄位的數值的出現次數 :")
08   print(df[" 複試 "].value_counts())
09   print("取得複試欄位的數值的出現次數，並列出不同值出現的佔比 :")
10   print(df[" 複試 "].value_counts(normalize=True))
```

執行結果

```
取得複試欄位的數值的出現次數:
68      2
58      1
64      1
90      1
60      1
96      1
94      1
93      1
87      1
Name: 複試，dtype: int64
取得複試欄位的數值的出現次數，並列出不同值出現的佔比:
68      0.2
58      0.1
64      0.1
90      0.1
60      0.1
96      0.1
94      0.1
93      0.1
87      0.1
Name: 複試，dtype: float64
```

程式解析

＊ 第 1 行：匯入 pandas 套件並以 pd 作為別名。

＊ 第 2 行：讀取指定檔名的 Excel 檔案。

＊ 第 3~5 行：加入底下三道指令就可以解決這個中文無法對齊的問題。

＊ 第 8 行：取得複試欄位的數值的出現次數。

＊ 第 10 行：取得複試欄位的數值的出現次數，並列出不同值出現的佔比。

5-2-7 查看基本統計資訊—describe()

這個函式回傳一個 DataFrame 的統計資料。如果 describe() 方法沒有傳遞任何引數，函式會使用了所有的預設值。

範例程式：describe.py 範例檔案：exam.xlsx

```
01  import pandas as pd
02  df=pd.read_excel("exam.xlsx")
03  pd.set_option('display.unicode.ambiguous_as_wide', True)
04  pd.set_option('display.unicode.east_asian_width', True)
05  pd.set_option('display.width', 180) # 設置寬度
06
07  # 資料庫內容
08  print(df)
09  print()
10  print("取得所有數值型別的分佈值情況:")
11  print(df.describe())
```

執行結果

```
     學生    學號   初級   複試   校內檢測
0   許富強  A001    58    58      62
1   邱瑞祥  A002    62    68      67
2   朱正富  A003    63    64      72
3   陳貴玉  A004    87    90      86
4   莊自強  A005    46    60      54
5   陳大慶  A006    95    68      88
6   莊照如  A007    78    96      84
7   吳建文  A008    87    94      85
8   鍾英誠  A009    69    93      79
9   賴唯中  A010    67    87      78

取得所有數值型別的分佈值情況:
             初級         複試      校內檢測
count   10.000000   10.000000   10.000000
mean    71.200000   77.800000   75.500000
std     15.259241   15.454593   11.433382
min     46.000000   58.000000   54.000000
25%     62.250000   65.000000   68.250000
50%     68.000000   77.500000   78.500000
75%     84.750000   92.250000   84.750000
max     95.000000   96.000000   88.000000
```

超高效！Python×Excel 資料分析自動化：輕鬆打造你的完美工作法！

程式解析

* 第 1 行：匯入 pandas 套件並以 pd 作爲別名。

* 第 2 行：讀取指定檔名的 Excel 檔案。

* 第 3~5 行：加入底下三道指令就可以解決這個中文無法對齊的問題。

* 第 8 行：輸出原資料庫內容。

* 第 11 行：describe() 會回傳一個 DataFrame 的統計資料，它會取得所有數值型別的分佈值情況。

5-3 資料整理的前置工作

當我們將 Excel 檔案透用 pandas 模組匯入成 DataFrame 的資料格式物件後，我們可以在資料操作前先進行資料預處理的前置工作，這些工作可能包含缺失值查詢與刪除、刪除缺失值、空白資料填充、重複值處理、加入列索引及欄索引、重新設定索引、重新命名索引、重置索引…等，本節就來示範如何利用 pandas 模組的各種方法來協助各位進行資料整理的前置工作。

5-3-1 缺失值查詢

isnull() 這個函數是用來檢查空值，並會回傳布林值，以下例子將示範各種缺失值的查詢方式。包括直接由 print 函數就可以查看缺失值、利用 isnull 函數查看缺失值及利用 info 函數查看缺失值。

範例檔案：isnull.xlsx

	A	B	C
1	書名	定價	數量
2	C語言	500	50
3	C++語言		100
4	C#語言	580	120
5	Java語言	620	
6	Python語言	480	540

```
01   import pandas as pd
02   df=pd.read_excel("isnull.xlsx")
03   pd.set_option('display.unicode.ambiguous_as_wide', True)
04   pd.set_option('display.unicode.east_asian_width', True)
05   pd.set_option('display.width', 180) # 設置寬度
06
07   #資料庫內容
08   print("直接由print函數就可以查看缺失值:")
09   print(df)
10   print()
11   print("利用isnull函數查看缺失值:")
12   print(df.isnull())
13   print()
14   print("利用info函數查看缺失值:")
15   print(df.info())
16   print()
```

執行結果

```
直接由print函數就可以查看缺失值:
          書名     定價      數量
0       C語言    500.0    50.0
1     C++語言      NaN   100.0
2      C#語言    580.0   120.0
3    Java語言    620.0     NaN
4  Python語言    480.0   540.0

利用isnull函數查看缺失值:
     書名     定價      數量
0  False  False   False
1  False   True   False
2  False  False   False
3  False  False    True
4  False  False   False

利用info函數查看缺失值:
<class 'pandas.core.frame.DataFrame'>
RangeIndex: 5 entries, 0 to 4
Data columns (total 3 columns):
 #   Column  Non-Null Count  Dtype
---  ------  --------------  -----
 0   書名      5 non-null      object
 1   定價      4 non-null      float64
 2   數量      4 non-null      float64
dtypes: float64(2), object(1)
memory usage: 248.0+ bytes
None
```

程式解析

＊ 第 1 行：匯入 pandas 套件並以 pd 作為別名。

＊ 第 2 行：讀取指定檔名的 Excel 檔案。

＊ 第 3~5 行：加入底下三道指令就可以解決這個中文無法對齊的問題。

＊ 第 9 行：輸出原資料庫內容，其實直接由 print 函數就可以查看缺失值。

＊ 第 12 行：isnull() 這個函數是用來檢查空值，並會回傳布林值。

＊ 第 15 行：利用 info 函數查看缺失值。

5-3-2 刪除缺失值

知道如何查詢缺失值之後，來如何刪除缺失值！很多時候我們所得到的資料不一定是完全都有數值，很可能含有 NaN，這時候就需要把它給刪除，有一個叫做 dropna() 的函式可以幫助刪除 NaN 的資料！這個函數會刪除掉有缺失值的列，再將資料回傳。

範例檔案：isnull.xlsx

	A	B	C
1	書名	定價	數量
2	C語言	500	50
3	C++語言		100
4	C#語言	580	120
5	Java語言	620	
6	Python語言	480	540

範例程式：dropna.py

```
01  import pandas as pd
02  df=pd.read_excel("isnull.xlsx")
03  pd.set_option('display.unicode.ambiguous_as_wide', True)
04  pd.set_option('display.unicode.east_asian_width', True)
05  pd.set_option('display.width', 180) # 設置寬度
06
07  #資料庫內容
08  print(" 直接由 print 函數就可以查看缺失值:")
```

```
09  print(df)
10  print()
11  print(" 利用 dropna 函數刪除缺失值的所在列 :")
12  print(df.dropna())
13  print()
```

執行結果

```
直接由 print 函數就可以查看缺失值:
            書名      定價      數量
0       C語言      500.0    50.0
1      C++語言      NaN    100.0
2       C#語言     580.0   120.0
3      Java語言     620.0     NaN
4    Python語言    480.0   540.0

利用 dropna 函數刪除缺失值的所在列:
            書名      定價      數量
0       C語言      500.0    50.0
2       C#語言     580.0   120.0
4    Python語言    480.0   540.0
```

程式解析

＊ 第 1 行：匯入 pandas 套件並以 pd 作爲別名。

＊ 第 2 行：讀取指定檔名的 Excel 檔案。

＊ 第 3~5 行：加入底下三道指令就可以解決這個中文無法對齊的問題。

＊ 第 9 行：輸出原資料庫內容，其實直接由 print 函數就可以查看缺失值。

＊ 第 12 行：利用 dropna 函數刪除缺失值的所在列。

5-3-3 空值資料的填充

如果我們不打算刪除空值的資料，我們還有一個方法可以做就是把 NaN 的資料代換掉，這個方法就是 fillna() 函數，其語法格式如下：

```
nba = nba.fillna()
```

使用 fillna() 函式，在括弧中填入自己想要填入的值，在下面的程式中我們把它換成 0。當檔案內容修改完畢後，我們還可以將其匯出成另一個檔案。

範例檔案：isnull.xlsx

	A	B	C
1	書名	定價	數量
2	C語言	500	50
3	C++語言		100
4	C#語言	580	120
5	Java語言	620	
6	Python語言	480	540

範例程式：fillna.py

```
01  import pandas as pd
02  df=pd.read_excel("isnull.xlsx")
03  pd.set_option('display.unicode.ambiguous_as_wide', True)
04  pd.set_option('display.unicode.east_asian_width', True)
05  pd.set_option('display.width', 180) # 設置寬度
06
07  #資料庫內容
08  print("直接由 print 函數就可以查看缺失值:")
09  print(df)
10  print()
11  print("使用 fillna 函數將缺失值填入值:")
12  print(df.fillna(0))
13
14  print("利用 fillna 函數以字典方式填入值:")
15  df1=df.fillna({"定價":500,"數量":100})
16  print(df1)
17  df1.to_excel(excel_writer="fillna.xlsx")
```

執行結果

```
直接由print函數就可以查看缺失值：
        書名      定價    數量
0      C語言     500.0    50.0
1    C++語言      NaN   100.0
2     C#語言     580.0   120.0
3    Java語言     620.0    NaN
4  Python語言    480.0   540.0

使用fillna函數將缺失值填入值：
        書名      定價    數量
0      C語言     500.0    50.0
1    C++語言       0.0   100.0
2     C#語言     580.0   120.0
3    Java語言     620.0     0.0
4  Python語言    480.0   540.0
利用fillna函數以字典方式填入值：
        書名      定價    數量
0      C語言     500.0    50.0
1    C++語言     500.0   100.0
2     C#語言     580.0   120.0
3    Java語言     620.0   100.0
4  Python語言    480.0   540.0
```

結果檔案：fillna.xlsx

	A	B	C	D
1		書名	定價	數量
2	0	C語言	500	50
3	1	C++語言	500	100
4	2	C#語言	580	120
5	3	Java語言	620	100
6	4	Python語言	480	540

程式解析

＊ 第 1 行：匯入 pandas 套件並以 pd 作為別名。

＊ 第 2 行：讀取指定檔名的 Excel 檔案。

＊ 第 3~5 行：加入底下三道指令就可以解決這個中文無法對齊的問題。

＊ 第 9 行：輸出原資料庫內容，其實直接由 print 函數就可以查看缺失值。

＊ 第 12 行：使用 fillna 函數將缺失值填入數值 0。

＊ 第 15 行：利用 fillna 函數以字典方式填入值。

＊ 第 17 行：當檔案內容修改完畢後，我們還可以將其匯出成另一個檔案。

5-3-4　實作 Excel 的移除重複功能—drop_duplicates()

　　Excel 有提供一種移除重複資料的功能，其作法是選取要刪除重複資料的範圍後，再從「資料」索引標籤中點選「移除重複」。確認資料的欄位以及格式，接著點選「確定」。當執行「移除重複」的動作之後，會顯示執行結果，包含移除了幾筆重複資料，以及保留幾筆唯一的資料。如此一來就可以把重複的資料刪除，得到我們想要的結果了。例如底下二圖，左圖為未刪除重複資料的 Excel 工作表外觀，右圖則是利用 Excel 的「移除重複」功能將 A 欄中有重複資料的欄位刪除。

範例檔案：移除重複.xlsx

　　我們知道 Python 語言非常適合進行數據分析，尤其是 Pandas 更是方便於資料的導入與分析工作，在數據分析的重要部分是分析重複值並將其刪除，要達到這項工作的要求可以藉助 drop_duplicates() 方法從 DataFrame 中刪除重複項。Pandas drop_duplicates() 方法的用法如下：

```
DataFrame.drop_duplicates(subset=None, keep= "first", inplace=False)
```

參數：

● subset：子集採用一列或一列標籤列表。預設為無。

● keep：是控製如何考慮重複值。它有三個不同的值，預設值為。

　　■ 如果為 "first"，則它將第一個值視為唯一值，並將其餘相同的值視為重複值。

- 如果為 "last"，則它將 last 值視為唯一值，並將其餘相同的值視為重複值。

- 如果為 False，則將所有相同的值視為重複項。

- inplace：布林值，如果為 True，則刪除重複的行。

這個函數會根據傳遞的參數刪除了重複行的 DataFrame 資料類型。底下例子就來示範 drop_duplicates() 方法不同參數設定的使用方法及觀察各種刪除重複項的各種輸出結果。

範例檔案：book.xlsx

	A	B	C	D
1	書名	定價	書號	作者
2	C語言	500	A101	陳一豐
3	C++語言	480	A102	許富強
4	C++語言	480	A102	許富強
5	C++語言	480	A102	陳伯如
6	C#語言	580	A103	李天祥
7	Java語言	620	A104	吳建文
8	Python語言	480	A105	吳建文

範例程式：drop_duplicates py

```
01  import pandas as pd
02  df=pd.read_excel("book.xlsx")
03  pd.set_option('display.unicode.ambiguous_as_wide', True)
04  pd.set_option('display.unicode.east_asian_width', True)
05  pd.set_option('display.width', 180) # 設置寬度
06
07  print(df.drop_duplicates())
08  print()
09  print(df.drop_duplicates(subset="書名"))
10  print()
11  print(df.drop_duplicates(subset=["書名","作者"]))
12  print()
13  print(df.drop_duplicates(subset=["書名","作者"],keep="last"))
```

```
          書名    定價    書號        作者
0         C語言    500   A101      陳一豐
1       C++語言    480   A102      許富強
3       C++語言    480   A102      陳伯如
4        C#語言    580   A103      李天祥
5       Java語言   620   A104      吳建文
6     Python語言   480   A105      吳建文

          書名    定價    書號        作者
0         C語言    500   A101      陳一豐
1       C++語言    480   A102      許富強
4        C#語言    580   A103      李天祥
5       Java語言   620   A104      吳建文
6     Python語言   480   A105      吳建文

          書名    定價    書號        作者
0         C語言    500   A101      陳一豐
1       C++語言    480   A102      許富強
3       C++語言    480   A102      陳伯如
4        C#語言    580   A103      李天祥
5       Java語言   620   A104      吳建文
6     Python語言   480   A105      吳建文

          書名    定價    書號        作者
0         C語言    500   A101      陳一豐
2       C++語言    480   A102      許富強
3       C++語言    480   A102      陳伯如
4        C#語言    580   A103      李天祥
5       Java語言   620   A104      吳建文
6     Python語言   480   A105      吳建文
```

程式解析

* 第 1 行：匯入 pandas 套件並以 pd 作為別名。

* 第 2 行：讀取指定檔名的 Excel 檔案。

* 第 3~5 行：加入底下三道指令就可以解決這個中文無法對齊的問題。

* 第 7~13 行：示範 drop_duplicates() 方法不同參數設定的使用方法及觀察各種刪除重複項的各種輸出結果。

5-4 索引設定

本節將說明如何利用 pandas 模組在資料列表中加入列索引及欄索引、重新設定索引、重新命名索引、重置索引等索引設定的等工作。接下來我們先來看如何加入列索引及欄索引。

5-4-1 加入列索引及欄索引

在 Python 中如果資料列表沒有列索引，在預設的情況下為以數值 0 開始計數作為該資料列表的列索引，如果想要變更列索引，則必須透過 index 屬性以列表的方式傳入，來達到為該資料列表加入列索引的目的。

另外一種情況，如果想要變更欄索引，則必須透過 columns 屬性以列表的方式傳入來達到為該資料列表加入欄索引的目的。

底下的例子將示範三種索引的設定方式：一種是預設的情況下列索引值會從 0 開始的整數做索引，另一種則是示範如何利用 index 屬性加入列索引，第三種則是利用 columns 屬性加入欄索引。

範例檔案：index.xlsx

	A	B	C
1	中元金融	2500	春季班
2	中元金融	6400	秋季班
3	中信科技	6800	春季班
4	中信科技	6900	秋季班
5	立志大學	9800	春季班
6	立志大學	7566	秋季班
7	好出路大學	5761	春季班
8	好出路大學	6000	秋季班
9	東方醫學	7800	春季班
10	東方醫學	4600	秋季班

範例程式 index.py

```
01  import pandas as pd
02  df=pd.read_excel("index.xlsx")
```

```
03  pd.set_option('display.unicode.ambiguous_as_wide', True)

04  pd.set_option('display.unicode.east_asian_width', True)

05  pd.set_option('display.width', 180) # 設置寬度

06

07  print(df)   #原資料內容

08  print()

09  df.index=[1,2,3,4,5,6,7,8,9]

10  print(df)   #新增列索引

11  print()

12  df.columns=["學校名稱","人數","季別"]

13  print(df)   #新增欄索引

14  print()
```

執行結果

```
     中元金融   2500   春季班
0    中元金融   6400   秋季班
1    中信科技   6800   春季班
2    中信科技   6900   秋季班
3    立志大學   9800   春季班
4    立志大學   7566   秋季班
5    好出路大學  5761   春季班
6    好出路大學  6000   秋季班
7    東方醫學   7800   春季班
8    東方醫學   4600   秋季班

     中元金融   2500   春季班
1    中元金融   6400   秋季班
2    中信科技   6800   春季班
3    中信科技   6900   秋季班
4    立志大學   9800   春季班
5    立志大學   7566   秋季班
6    好出路大學  5761   春季班
7    好出路大學  6000   秋季班
8    東方醫學   7800   春季班
9    東方醫學   4600   秋季班

     學校名稱   人數    季別
1    中元金融   6400   秋季班
2    中信科技   6800   春季班
3    中信科技   6900   秋季班
4    立志大學   9800   春季班
5    立志大學   7566   秋季班
6    好出路大學  5761   春季班
7    好出路大學  6000   秋季班
8    東方醫學   7800   春季班
9    東方醫學   4600   秋季班
```

* 第 1 行：匯入 pandas 套件並以 pd 作為別名。

* 第 2 行：讀取指定檔名的 Excel 檔案。

* 第 3~5 行：加入底下三道指令就可以解決這個中文無法對齊的問題。

* 第 7 行：輸出原資料庫內容，預設的情況下列索引值會從 0 開始的整數做索引。

* 第 9~10 行：示範如何利用 index 屬性加入列索引。

* 第 12~13 行：示範如何利用 columns 屬性加入欄索引。

5-4-2　使用 set_index() 設定索引

前一個例子示範了如何加入列索引及欄索引，接下來的例子將示範如何利用 set_index() 方法我們將「學校名稱」設定為我們的 index。

範例檔案：index1.xlsx

	A	B	C
1	學校名稱	人數	季別
2	中元金融	2500	春季班
3	中元金融	6400	秋季班
4	中信科技	6800	春季班
5	中信科技	6900	秋季班
6	立志大學	9800	春季班
7	立志大學	7566	秋季班
8	好出路大學	5761	春季班
9	好出路大學	6000	秋季班
10	東方醫學	7800	春季班
11	東方醫學	4600	秋季班

範例程式：index1.py

```
01  import pandas as pd
02  df=pd.read_excel("index1.xlsx")
03  pd.set_option('display.unicode.ambiguous_as_wide', True)
04  pd.set_option('display.unicode.east_asian_width', True)
05  pd.set_option('display.width', 180) # 設置寬度
06
07  print(df)  #原資料內容
```

```
08  print()
09  df1=df.set_index("學校名稱")
10  print(df1)
11  print()
12
```

執行結果

```
     學校名稱    人數     季別
0    中元金融    2500   春季班
1    中元金融    6400   秋季班
2    中信科技    6800   春季班
3    中信科技    6900   秋季班
4    立志大學    9800   春季班
5    立志大學    7566   秋季班
6    好出路大學  5761   春季班
7    好出路大學  6000   秋季班
8    東方醫學    7800   春季班
9    東方醫學    4600   秋季班

            人數     季別
學校名稱
中元金融    2500   春季班
中元金融    6400   秋季班
中信科技    6800   春季班
中信科技    6900   秋季班
立志大學    9800   春季班
立志大學    7566   秋季班
好出路大學  5761   春季班
好出路大學  6000   秋季班
東方醫學    7800   春季班
東方醫學    4600   秋季班
```

程式解析

* 第 1 行：匯入 pandas 套件並以 pd 作為別名。

* 第 2 行：讀取指定檔名的 Excel 檔案。

* 第 3~5 行：加入底下三道指令就可以解決這個中文無法對齊的問題。

* 第 7 行：輸出原資料庫內容，預設的情況下列索引值會從 0 開始的整數做索引。

* 第 9~10 行：示範如何利用 set_index() 方法我們將「學校名稱」設定為我們的 index。

5-4-3 使用 reset_index() 重置索引

　　這裡還要一併介紹另一個 reset_index() 重置索引的方法，它的主要功能是將索引回復成原來的預設的外觀，讓 index 重置成原本的樣子。

範例檔案：index1.xlsx

	A	B	C
1	學校名稱	人數	季別
2	中元金融	2500	春季班
3	中元金融	6400	秋季班
4	中信科技	6800	春季班
5	中信科技	6900	秋季班
6	立志大學	9800	春季班
7	立志大學	7566	秋季班
8	好出路大學	5761	春季班
9	好出路大學	6000	秋季班
10	東方醫學	7800	春季班
11	東方醫學	4600	秋季班

範例程式：reset_index.py

```
01  import pandas as pd
02  df=pd.read_excel("index1.xlsx")
03  pd.set_option('display.unicode.ambiguous_as_wide', True)
04  pd.set_option('display.unicode.east_asian_width', True)
05  pd.set_option('display.width', 180) # 設置寬度
06
07  df1=df.set_index(" 學校名稱 ")
08  print(df1)
09  print()
10  df1=df.reset_index()
11  print(df1)
12  print()
```

```
              人數      季別
學校名稱
中元金融      2500    春季班
中元金融      6400    秋季班
中信科技      6800    春季班
中信科技      6900    秋季班
立志大學      9800    春季班
立志大學      7566    秋季班
好出路大學    5761    春季班
好出路大學    6000    秋季班
東方醫學      7800    春季班
東方醫學      4600    秋季班

     index    學校名稱    人數      季別
0      0      中元金融    2500    春季班
1      1      中元金融    6400    秋季班
2      2      中信科技    6800    春季班
3      3      中信科技    6900    秋季班
4      4      立志大學    9800    春季班
5      5      立志大學    7566    秋季班
6      6      好出路大學  5761    春季班
7      7      好出路大學  6000    秋季班
8      8      東方醫學    7800    春季班
9      9      東方醫學    4600    秋季班
```

程式解析

＊ 第 1 行：匯入 pandas 套件並以 pd 作為別名。

＊ 第 2 行：讀取指定檔名的 Excel 檔案。

＊ 第 3~5 行：加入底下三道指令就可以解決這個中文無法對齊的問題。

＊ 第 7~8 行：利用 set_index() 方法我們將「學校名稱」設定為我們的 index。

＊ 第 10~11 行：reset_index() 重置索引方法的主要功能是將索引回復成原來的預設的外觀，讓 index 重置成原本的樣子。

5-4-4　使用 rename() 方法重新命名索引

如果對自己目前資料表欄索引及列索引的名稱想要進行變更，這種情況下就可以使用 rename() 方法重新更改索引的名稱。透過這個方法我們可以將 index 或是 columns 的名稱進行改名。

	A	B	C
1	學校名稱	人數	季別
2	中元金融	2500	春季班
3	中元金融	6400	秋季班
4	中信科技	6800	春季班
5	中信科技	6900	秋季班
6	立志大學	9800	春季班
7	立志大學	7566	秋季班
8	好出路大學	5761	春季班
9	好出路大學	6000	秋季班
10	東方醫學	7800	春季班
11	東方醫學	4600	秋季班

範例程式 index_rename.py

```
01  import pandas as pd
02  df=pd.read_excel("index1.xlsx")
03  pd.set_option('display.unicode.ambiguous_as_wide', True)
04  pd.set_option('display.unicode.east_asian_width', True)
05  pd.set_option('display.width', 180) # 設置寬度
06
07  df.index=[1,2,3,4,5,6,7,8,9,10]
08  print(df)  #新增列索引
09  print()
10  print(df.rename(columns={" 學校名稱 ":" 校名 "," 季別 ":" 班別 "},
11                  index={1:"A",2:"B",3:"C",4:"D",5:"E",
12                  6:"F",7:"G",8:"H",9:"I",10:"J"}))
13  print()
```

```
     學校名稱    人數    季別
1    中元金融    2500    春季班
2    中元金融    6400    秋季班
3    中信科技    6800    春季班
4    中信科技    6900    秋季班
5    立志大學    9800    春季班
6    立志大學    7566    秋季班
7    好出路大學   5761    春季班
8    好出路大學   6000    秋季班
9    東方醫學    7800    春季班
10   東方醫學    4600    秋季班

     校名      人數    班別
A    中元金融    2500    春季班
B    中元金融    6400    秋季班
C    中信科技    6800    春季班
D    中信科技    6900    秋季班
E    立志大學    9800    春季班
F    立志大學    7566    秋季班
G    好出路大學   5761    春季班
H    好出路大學   6000    秋季班
I    東方醫學    7800    春季班
J    東方醫學    4600    秋季班
```

程式解析

* 第 1 行：匯入 pandas 套件並以 pd 作為別名。

* 第 2 行：讀取指定檔名的 Excel 檔案。

* 第 3~5 行：加入底下三道指令就可以解決這個中文無法對齊的問題。

* 第 7~8 行：新增列索引。

* 第 10~12 行：使用 rename() 方法重新更改索引的名稱。透過這個方法我們可以將 index 或是 columns 的名稱進行改名。

5-5 資料的選取工作

　　本節的介紹重點在示範如何利用 pandas 模組在資料列表中進行資料的選取工作，這些工作包括：欄選取、列選取及欄與列同時選取等三種情況，接下來就先來看如何在資料列表中進行欄選取。

5-5-1 列選取

列選取的方式有分兩種方式：一種是利用普通索引的方式，另外一種則是透過位置索引的方式。接下來的例子，我們將示範資料列表進行列選取時，有可能只是選取單一列，也可能一次同時選取多列。

我們除了示範如何利用 loc() 的方式來選取列資料之外，在底下這個例子中也會一併示範如何利用 iloc() 方法來選取連續多列，同時也會示範如何模擬 Excel 篩選功能來根據指定的條件來篩選出符合條件的列。

範例檔案：trip.xlsx

	A	B	C	D
1	員工編號	姓名	第一喜好	部門
2	R0001	許富強	高雄	研發部
3	R0002	邱瑞祥	宜蘭	研發部
4	M0001	朱正富	台北	行銷部
5	A0001	陳貴玉	新北	行政部
6	M0002	鄭芸麗	台中	行銷部
7	M0003	許伯如	高雄	行銷部
8	A0002	林宜訓	高雄	行政部

範例程式：row_select.py

```
01  import pandas as pd
02  df=pd.read_excel("trip.xlsx")
03  pd.set_option('display.unicode.ambiguous_as_wide', True)
04  pd.set_option('display.unicode.east_asian_width', True)
05  pd.set_option('display.width', 180) # 設置寬度
06
07  print(df) #原始資料庫
08  print()
09  print(df.loc[0]) # 單一列
10  print()
11  print(df.loc[[0,3,5]]) #多數列以串列表示
12  print()
13  print(df.iloc[0:5]) #選取連續多列
14  print()
```

```
15  print(df[df[" 員工編號 "]=="A0001"]) # 根據設定條件來篩選
16  print()
```

執行結果

```
    員工編號      姓名 第一喜好      部門
0   R0001   許富強   高雄   研發部
1   R0002   邱瑞祥   宜蘭   研發部
2   M0001   朱正富   台北   行銷部
3   A0001   陳貴玉   新北   行政部
4   M0002   鄭芸麗   台中   行銷部
5   M0003   許伯如   高雄   行銷部
6   A0002   林宜訓   高雄   行政部

員工編號        R0001
姓名          許富強
第一喜好        高雄
部門          研發部
Name: 0, dtype: object
    員工編號      姓名 第一喜好      部門
0   R0001   許富強   高雄   研發部
3   A0001   陳貴玉   新北   行政部
5   M0003   許伯如   高雄   行銷部

    員工編號      姓名 第一喜好      部門
0   R0001   許富強   高雄   研發部
1   R0002   邱瑞祥   宜蘭   研發部
2   M0001   朱正富   台北   行銷部
3   A0001   陳貴玉   新北   行政部
4   M0002   鄭芸麗   台中   行銷部

    員工編號      姓名 第一喜好      部門
3   A0001   陳貴玉   新北   行政部
```

程式解析

* 第 1 行：匯入 pandas 套件並以 pd 作為別名。

* 第 2 行：讀取指定檔名的 Excel 檔案。

* 第 3~5 行：加入底下三道指令就可以解決這個中文無法對齊的問題。

* 第 7 行：輸出原始資料庫。

* 第 9 行：輸出單一列。

* 第 11 行：輸出多數列以串列表示。

* 第 13 行：選取連續多列。

* 第 15 行：根據設定條件來篩選。

5-5-2 欄選取

欄選取的方式有分兩種方式：一種是利用普通索引的方式，另外一種則是透過位置索引的方式。接下來的例子，我們將示範資料列表進行欄選取時，有可能只是選取單一欄位，也可能一次同時選取多個欄位。其中要取得單一欄位，只要在原始資料庫名稱 df 後面的中括號填入要進行選取的欄位名稱即可。如果要同時選取多個欄位時則只要利用串列將多個欄名一起傳入即可。上述這兩種直接填入欄名的資料選取的方式在 Python 中稱之為普通索引的方式。

除了示範如何利用普通索引的方式來選取欄資料之外，底下這個例子中也會一併示範如何利用 iloc() 方法傳入具體欄位置的位置索引法。

範例檔案：trip.xlsx

	A	B	C	D
1	員工編號	姓名	第一喜好	部門
2	R0001	許富強	高雄	研發部
3	R0002	邱瑞祥	宜蘭	研發部
4	M0001	朱正富	台北	行銷部
5	A0001	陳貴玉	新北	行政部
6	M0002	鄭芸麗	台中	行銷部
7	M0003	許伯如	高雄	行銷部
8	A0002	林宜訓	高雄	行政部

範例程式：column_select.py

```
01   import pandas as pd
02   df=pd.read_excel("trip.xlsx")
03   pd.set_option('display.unicode.ambiguous_as_wide', True)
04   pd.set_option('display.unicode.east_asian_width', True)
05   pd.set_option('display.width', 180) # 設置寬度
06
07   print(df) #原始資料庫
08   print()
09   print(df["姓名"]) #單一欄位
10   print()
11   print(df[["員工編號","第一喜好"]]) #多數欄以串列表示
12   print()
```

```
13  print(df.iloc[:,[0,2]]) #另外一種位置索引法
14  print()
```

執行結果

```
   員工編號    姓名  第一喜好   部門
0   R0001  許富強   高雄  研發部
1   R0002  邱瑞祥   宜蘭  研發部
2   M0001  朱正富   台北  行銷部
3   A0001  陳貴玉   新北  行政部
4   M0002  鄭芸麗   台中  行銷部
5   M0003  許伯如   高雄  行銷部
6   A0002  林宜訓   高雄  行政部

0    許富強
1    邱瑞祥
2    朱正富
3    陳貴玉
4    鄭芸麗
5    許伯如
6    林宜訓
Name: 姓名, dtype: object

   員工編號 第一喜好
0   R0001   高雄
1   R0002   宜蘭
2   M0001   台北
3   A0001   新北
4   M0002   台中
5   M0003   高雄
6   A0002   高雄

   員工編號 第一喜好
0   R0001   高雄
1   R0002   宜蘭
2   M0001   台北
3   A0001   新北
4   M0002   台中
5   M0003   高雄
6   A0002   高雄
```

程式解析

* 第 1 行：匯入 pandas 套件並以 pd 作爲別名。

* 第 2 行：讀取指定檔名的 Excel 檔案。

* 第 3~5 行：加入底下三道指令就可以解決這個中文無法對齊的問題。

* 第 7 行：輸出原始資料庫。

* 第 9 行：輸出單一欄位。

* 第 11 行：輸出多數欄以串列表示。

* 第 13 行：另外一種位置索引法。

5-5-3　欄與列同時選取

　　欄與列同時選取有好幾種作法，一種是利用 loc() 方法傳入位置索引搭配普通索引來同時選取欄與列，另外一種方式則是利用 iloc() 方法分別傳入列與欄的位置索引，底下例子會一併示範兩種不同位置索引的實作方法。最後則是加入篩選條件來同時選取滿足條件的列與欄。

範例檔案：trip.xlsx

	A	B	C	D
1	員工編號	姓名	第一喜好	部門
2	R0001	許富強	高雄	研發部
3	R0002	邱瑞祥	宜蘭	研發部
4	M0001	朱正富	台北	行銷部
5	A0001	陳貴玉	新北	行政部
6	M0002	鄭芸麗	台中	行銷部
7	M0003	許伯如	高雄	行銷部
8	A0002	林宜訓	高雄	行政部

範例程式：both_select.py

```
01  import pandas as pd
02  df=pd.read_excel("trip.xlsx")
03  pd.set_option('display.unicode.ambiguous_as_wide', True)
04  pd.set_option('display.unicode.east_asian_width', True)
05  pd.set_option('display.width', 180) # 設置寬度
06
07  print(df) #原始資料庫
08  print()
09  print(df.loc[[0,2],["員工編號","第一喜好"]])
10  print()
11  print(df.iloc[[0,2],[0,2]])
12  print()
13  print(df.iloc[0:2,0:3])
```

```
14  print()
15  print(df[df["員工編號"]=="A0001"][["員工編號","第一喜好"]])
16  print()
```

執行結果

```
     員工編號     姓名  第一喜好      部門
0    R0001   許富強    高雄    研發部
1    R0002   邱瑞祥    宜蘭    研發部
2    M0001   朱正富    台北    行銷部
3    A0001   陳貴玉    新北    行政部
4    M0002   鄭芸麗    台中    行銷部
5    M0003   許伯如    高雄    行銷部
6    A0002   林宜訓    高雄    行政部

     員工編號  第一喜好
0    R0001    高雄
2    M0001    台北

     員工編號  第一喜好
0    R0001    高雄
2    M0001    台北

     員工編號     姓名  第一喜好
0    R0001   許富強    高雄
1    R0002   邱瑞祥    宜蘭

     員工編號  第一喜好
3    A0001    新北
```

程式解析

* 第 1 行：匯入 pandas 套件並以 pd 作為別名。

* 第 2 行：讀取指定檔名的 Excel 檔案。

* 第 3~5 行：加入底下三道指令就可以解決這個中文無法對齊的問題。

* 第 7 行：輸出原始資料庫。

* 第 9 行：利用 loc() 方法傳入位置索引搭配普通索引來同時選取欄與列。

* 第 11 行：利用 iloc() 方法分別傳入列與欄的位置索引。

* 第 13 行：利用 iloc() 方法分別傳入列與欄的位置索引。

* 第 15 行：加入篩選條件來同時選取滿足條件的列與欄。

5-6　資料的運算

本節的介紹重點在示範如何利用 pandas 模組在資料列表中進行資料的運算行為，這些資料運算包括算術運算、比較運算。接下來就先來看如何利用 python 語言在資料列表中進行各種算術運算。

5-6-1　算術運算

算術運算子（Arithmetic Operator）包含了數學運算中的四則運算。算術運算子的符號與名稱如下表所示：

算術運算子	範例	說明
+	a+b	加法
-	a-b	減法
*	a*b	乘法
**	a**b	乘冪（次方）
/	a/b	除法
//	a//b	整數除法
%	a%b	取餘數

「/」與「//」都是除法運算子，「/」會有浮點數；「//」會將除法結果的小數部份去掉，只取整數，「%」是取得除法後的餘數。這三個運算子都與除法相關，所以要注意第二個運算元不能為零，否則會發生除零錯誤。

範例檔案：score.xlsx

	A	B	C	D	E	F
1	學生	學號	初級	中級	總分	平均
2	許富強	A001	58	60		
3	邱瑞祥	A002	62	52		
4	朱正富	A003	63	83		
5	陳貴玉	A004	87	64		
6	莊自強	A005	46	95		
7	陳大慶	A006	95	64		
8	莊照如	A007	78	75		
9	吳建文	A008	87	85		
10	鍾英誠	A009	69	64		
11	賴唯中	A010	67	54		

範例程式：math.py

```
01  import pandas as pd
02  df=pd.read_excel("score.xlsx")
03  pd.set_option('display.unicode.ambiguous_as_wide', True)
04  pd.set_option('display.unicode.east_asian_width', True)
05  pd.set_option('display.width', 180) # 設置寬度
06
07  df[" 總分 "]=df[" 初級 "]+df[" 中級 "]
08  df[" 平均 "]=df[" 總分 "]/2
09  print(df)
```

執行結果

```
    學生   學號  初級  中級  總分   平均
0  許富強  A001  58  60  118  59.0
1  邱瑞祥  A002  62  52  114  57.0
2  朱正富  A003  63  83  146  73.0
3  陳貴玉  A004  87  64  151  75.5
4  莊自強  A005  46  95  141  70.5
5  陳大慶  A006  95  64  159  79.5
6  莊照如  A007  78  75  153  76.5
7  吳建文  A008  87  85  172  86.0
8  鍾英誠  A009  69  64  133  66.5
9  賴唯中  A010  67  54  121  60.5
```

程式解析

* 第 1 行：匯入 pandas 套件並以 pd 作為別名。

＊ 第 2 行：讀取指定檔名的 Excel 檔案。

＊ 第 3~5 行：加入底下三道指令就可以解決這個中文無法對齊的問題。

＊ 第 7~8 行：總分為初級及中級分數的相加，平均為總分欄位除以 2。

5-6-2 比較運算

　　比較運算子主要是在比較兩個數值之間的大小關係，當狀況成立，稱之為「真（True）」，狀況不成立，則稱之為「假（False）」。比較運算子也可以串連使用，例如 a < b <= c 相當於 a < b，而且 b <= c。下表為常用的比較運算子。

比較運算子	範例	說明
>	a > b	左邊值大於右邊值則成立
<	a < b	左邊值小於右邊值則成立
==	a == b	兩者相等則成立
!=	a != b	兩者不相等則成立
>=	a >= b	左邊值大於或等於右邊值則成立
<=	a <= b	左邊值小於或等於右邊值則成立

範例檔案：score1.xlsx

	A	B	C	D	E
1	學生	學號	初級	中級	是否進步
2	許富強	A001	58	60	
3	邱瑞祥	A002	62	52	
4	朱正富	A003	63	83	
5	陳貴玉	A004	87	64	
6	莊自強	A005	46	95	
7	陳大慶	A006	95	64	
8	莊照如	A007	78	75	
9	吳建文	A008	87	85	
10	鍾英誠	A009	69	64	
11	賴唯中	A010	67	54	

```
01   import pandas as pd
02   df=pd.read_excel("score1.xlsx")
03   pd.set_option('display.unicode.ambiguous_as_wide', True)
04   pd.set_option('display.unicode.east_asian_width', True)
05   pd.set_option('display.width', 180) # 設置寬度
06
07   df[" 是否進步 "]=df[" 中級 "]>df[" 初級 "]
08   print(df)
```

執行結果

```
        學生      學號    初級    中級    是否進步
0      許富強    A001    58    60      True
1      邱瑞祥    A002    62    52      False
2      朱正富    A003    63    83      True
3      陳貴玉    A004    87    64      False
4      莊自強    A005    46    95      True
5      陳大慶    A006    95    64      False
6      莊照如    A007    78    75      False
7      吳建文    A008    87    85      False
8      鍾英誠    A009    69    64      False
9      賴唯中    A010    67    54      False
```

程式解析

* 第 1 行：匯入 pandas 套件並以 pd 作爲別名。

* 第 2 行：讀取指定檔名的 Excel 檔案。

* 第 3~5 行：加入這三道指令就可以解決這個中文無法對齊的問題。

* 第 7~8 行：判斷「是否進步」欄位的值的條件是「中級」欄位的分數是否大於「初級」欄位的分數。

5-7 資料的操作

本節將示範如何利用 pandas 模組在資料列表中進行資料的操作行為，這些操作任務包括資料取代、數值排序、數值刪除、取得唯一值、資料的分組…等工作。接下來我們先來看如何進行數值排序的工作。

5-7-1 數值排序

在下面的程式中，我們想依「總平均」欄位進行排序，只需要設定「by」等於某個指定欄位的名稱，在預設的情況下數值會由小到大進行排序，如果要變更排序方向為由大到小，則必須在 sort_values() 方法加入「ascending=False」的參數設定。

範例檔案：training.xlsx

	A	B	C	D	E	F	G	H	I
1	員工編號	員工姓名	電腦應用	英文對話	銷售策略	業務推廣	經營理念	總分	總平均
2	910001	王楨珍	98	95	86	80	88	447	89.4
3	910002	郭佳琳	80	90	82	83	82	417	83.4
4	910003	葉千瑜	86	91	86	80	93	436	87.2
5	910004	郭佳華	89	93	89	87	96	454	90.8
6	910005	彭天慈	90	78	90	78	90	426	85.2
7	910006	曾雅琪	87	83	88	77	80	415	83
8	910007	王貞琇	80	70	90	93	96	429	85.8
9	910008	陳光輝	90	78	92	85	95	440	88
10	910009	林子杰	78	80	95	80	92	425	85
11	910010	李宗勳	60	58	83	40	70	311	62.2
12	910011	蔡昌洲	77	88	81	76	89	411	82.2
13	910012	何福謀	72	89	84	90	67	402	80.4

範例程式：sort_values.py

```
01  import pandas as pd
02  df=pd.read_excel("training.xlsx")
03  pd.set_option('display.unicode.ambiguous_as_wide', True)
04  pd.set_option('display.unicode.east_asian_width', True)
05  pd.set_option('display.width', 180) # 設置寬度
```

```
06
07   print(df.sort_values(by=["總平均"]))
08   print()
09   print(df.sort_values(by=["總平均"],ascending=False))
10   print()
```

執行結果

```
      員工編號  員工姓名  電腦應用  英文對話  ...  業務推廣  經營理念  總分   總平均
9    910010   李宗勳      60     58   ...    40      70   311   62.2
11   910012   何福謀      72     89   ...    90      67   402   80.4
10   910011   蔡昌洲      77     88   ...    76      89   411   82.2
5    910006   曾雅琪      87     83   ...    77      80   415   83.0
1    910002   郭佳琳      80     90   ...    83      82   417   83.4
8    910009   林子杰      78     80   ...    80      92   425   85.0
4    910005   彭天慈      90     78   ...    78      90   426   85.2
6    910007   王貞琇      80     70   ...    93      96   429   85.8
2    910003   葉千瑜      86     91   ...    80      93   436   87.2
7    910008   陳光輝      90     78   ...    85      95   440   88.0
0    910001   王楨珍      98     95   ...    80      88   447   89.4
3    910004   郭佳華      89     93   ...    87      96   454   90.8

[12 rows x 9 columns]
      員工編號  員工姓名  電腦應用  英文對話  ...  業務推廣  經營理念  總分   總平均
3    910004   郭佳華      89     93   ...    87      96   454   90.8
0    910001   王楨珍      98     95   ...    80      88   447   89.4
7    910008   陳光輝      90     78   ...    85      95   440   88.0
2    910003   葉千瑜      86     91   ...    80      93   436   87.2
6    910007   王貞琇      80     70   ...    93      96   429   85.8
4    910005   彭天慈      90     78   ...    78      90   426   85.2
8    910009   林子杰      78     80   ...    80      92   425   85.0
1    910002   郭佳琳      80     90   ...    83      82   417   83.4
5    910006   曾雅琪      87     83   ...    77      80   415   83.0
10   910011   蔡昌洲      77     88   ...    76      89   411   82.2
11   910012   何福謀      72     89   ...    90      67   402   80.4
9    910010   李宗勳      60     58   ...    40      70   311   62.2

[12 rows x 9 columns]
```

程式解析

* 第1行：匯入 pandas 套件並以 pd 作為別名。

* 第2行：讀取指定檔名的 Excel 檔案。

* 第3~5行：加入這三道指令就可以解決這個中文無法對齊的問題。

* 第7行：依「總平均」的分數以 sort_values() 函數預設的方式由小到大排序。

* 第9行：依「總平均」的分數以 sort_values() 函數指定由大到大小排序。

同樣的道理，我們可以同時進行多個欄位的排序，以底下的程式為例，這個資料庫的第一順位的排序欄位為「電腦應用」並且以由小到大排序，第二順位的排序欄位為「英文對話」並且指定由大到小排序，也就是說，當由小到大排「電腦應用」分數時，萬一碰到「電腦應用」分數相同時，則會以「英文對話」的分數由大到小排序。

範例檔案：training.xlsx

	A	B	C	D	E	F	G	H	I
1	員工編號	員工姓名	電腦應用	英文對話	銷售策略	業務推廣	經營理念	總分	總平均
2	910001	王楨珍	98	95	86	80	88	447	89.4
3	910002	郭佳琳	80	90	82	83	82	417	83.4
4	910003	葉千瑜	86	91	86	80	93	436	87.2
5	910004	郭佳華	89	93	89	87	96	454	90.8
6	910005	彭天慈	90	78	90	78	90	426	85.2
7	910006	曾雅琪	87	83	88	77	80	415	83
8	910007	王貞琇	80	70	90	93	96	429	85.8
9	910008	陳光輝	90	78	92	85	95	440	88
10	910009	林子杰	78	80	95	80	92	425	85
11	910010	李宗勳	60	58	83	40	70	311	62.2
12	910011	蔡昌洲	77	88	81	76	89	411	82.2
13	910012	何福謀	72	89	84	90	67	402	80.4

範例程式：sort_values1.py

```python
01  import pandas as pd
02  df=pd.read_excel("training.xlsx")
03  pd.set_option('display.unicode.ambiguous_as_wide', True)
04  pd.set_option('display.unicode.east_asian_width', True)
05  pd.set_option('display.width', 180) # 設置寬度
06
07  print(df.sort_values(by=[" 電腦應用 "," 英文對話 "],
08                        ascending=[True,False]))
09  print()
```

```
       員工編號  員工姓名   電腦應用    英文對話   ...  業務推廣   經營理念    總分    總平均
9    910010   李宗勳      60       58    ...    40       70     311    62.2
11   910012   何福謀      72       89    ...    90       67     402    80.4
10   910011   蔡昌洲      77       88    ...    76       89     411    82.2
8    910009   林子杰      78       80    ...    80       92     425    85.0
1    910002   郭佳琳      80       90    ...    83       82     417    83.4
6    910007   王貞琇      80       70    ...    93       96     429    85.8
2    910003   葉千瑜      86       91    ...    80       93     436    87.2
5    910006   曾雅琪      87       83    ...    77       80     415    83.0
3    910004   郭佳華      89       93    ...    87       96     454    90.8
4    910005   彭天慈      90       78    ...    78       90     426    85.2
7    910008   陳光輝      90       78    ...    85       95     440    88.0
0    910001   王楨珍      98       95    ...    80       88     447    89.4

[12 rows x 9 columns]
```

程式解析

* 第 1 行：匯入 pandas 套件並以 pd 作為別名。

* 第 2 行：讀取指定檔名的 Excel 檔案。

* 第 3~5 行：加入這三道指令就可以解決這個中文無法對齊的問題。

* 第 7~8 行：第一順位的排序欄位為「電腦應用」並且以由小到大排序，第二順位的排序欄位為「英文對話」並且指定由大到小排序。

5-7-2 使用 drop() 來刪除數值或欄位

　　data frame 可以透過 drop() 方法來刪除數值或欄位，我們可以在 drop() 方法括號內指定要刪除欄位的名稱或要刪除欄位的位置兩種方式。另外指定參數 axis = 0 表示要刪除列（row），指定參數 axis = 1 表示要刪除欄（column）。以下例子將示範如何刪除指定名稱的兩欄，並分別以指定要刪除欄位名稱的位置的兩種不同的參數設定方式進行示範。

	A	B	C	D	E	F	G	H	I
1	員工編號	員工姓名	電腦應用	英文對話	銷售策略	業務推廣	經營理念	總分	總平均
2	910001	王楨珍	98	95	86	80	88	447	89.4
3	910002	郭佳琳	80	90	82	83	82	417	83.4
4	910003	葉千瑜	86	91	86	80	93	436	87.2
5	910004	郭佳華	89	93	89	87	96	454	90.8
6	910005	彭天慈	90	78	90	78	90	426	85.2
7	910006	曾雅琪	87	83	88	77	80	415	83
8	910007	王貞琇	80	70	90	93	96	429	85.8
9	910008	陳光輝	90	78	92	85	95	440	88
10	910009	林子杰	78	80	95	80	92	425	85
11	910010	李宗勳	60	58	83	40	70	311	62.2
12	910011	蔡昌洲	77	88	81	76	89	411	82.2
13	910012	何福謙	72	89	84	90	67	402	80.4

範例程式：drop1.py

```
01  import pandas as pd
02  df=pd.read_excel("training.xlsx")
03  pd.set_option('display.unicode.ambiguous_as_wide', True)
04  pd.set_option('display.unicode.east_asian_width', True)
05  pd.set_option('display.width', 180) # 設置寬度
06
07  print(df.drop(["總分","總平均"],axis=1))
08  print()
09  print(df.drop(df.columns[[7,8]],axis=1))
10  print()
```

	員工編號	員工姓名	電腦應用	英文對話	銷售策略	業務推廣	經營理念
0	910001	王楨珍	98	95	86	80	88
1	910002	郭佳琳	80	90	82	83	82
2	910003	葉千瑜	86	91	86	80	93
3	910004	郭佳華	89	93	89	87	96
4	910005	彭天慈	90	78	90	78	90
5	910006	曾雅琪	87	83	88	77	80
6	910007	王貞琇	80	70	90	93	96
7	910008	陳光輝	90	78	92	85	95
8	910009	林子杰	78	80	95	80	92
9	910010	李宗勳	60	58	83	40	70
10	910011	蔡昌洲	77	88	81	76	89
11	910012	何福謀	72	89	84	90	67

	員工編號	員工姓名	電腦應用	英文對話	銷售策略	業務推廣	經營理念
0	910001	王楨珍	98	95	86	80	88
1	910002	郭佳琳	80	90	82	83	82
2	910003	葉千瑜	86	91	86	80	93
3	910004	郭佳華	89	93	89	87	96
4	910005	彭天慈	90	78	90	78	90
5	910006	曾雅琪	87	83	88	77	80
6	910007	王貞琇	80	70	90	93	96
7	910008	陳光輝	90	78	92	85	95
8	910009	林子杰	78	80	95	80	92
9	910010	李宗勳	60	58	83	40	70
10	910011	蔡昌洲	77	88	81	76	89
11	910012	何福謀	72	89	84	90	67

程式解析

* 第 1 行：匯入 pandas 套件並以 pd 作爲別名。

* 第 2 行：讀取指定檔名的 Excel 檔案。

* 第 3~5 行：加入底下三道指令就可以解決這個中文無法對齊的問題。

* 第 7 行：在 drop() 方法括號內指定要刪除欄位的名稱。

* 第 9 行：在 drop() 方法括號內指定要刪除欄位的位置。

　　接下來的例子則是示範如何刪除指定列，這個例子中我們也以不同的兩種參數設定的方式進行示範，請各位特別注意，要刪除列時，必須指定參數 axis = 0。

	A	B	C	D	E	F	G	H	I
1	員工編號	員工姓名	電腦應用	英文對話	銷售策略	業務推廣	經營理念	總分	總平均
2	910001	王楨珍	98	95	86	80	88	447	89.4
3	910002	郭佳琳	80	90	82	83	82	417	83.4
4	910003	葉千瑜	86	91	86	80	93	436	87.2
5	910004	郭佳華	89	93	89	87	96	454	90.8
6	910005	彭天慈	90	78	90	78	90	426	85.2
7	910006	曾雅琪	87	83	88	77	80	415	83
8	910007	王貞琇	80	70	90	93	96	429	85.8
9	910008	陳光輝	90	78	92	85	95	440	88
10	910009	林子杰	78	80	95	80	92	425	85
11	910010	李宗勳	60	58	83	40	70	311	62.2
12	910011	蔡昌洲	77	88	81	76	89	411	82.2
13	910012	何福謀	72	89	84	90	67	402	80.4

範例程式：drop2.py

```
01  import pandas as pd
02  df=pd.read_excel("training.xlsx")
03  pd.set_option('display.unicode.ambiguous_as_wide', True)
04  pd.set_option('display.unicode.east_asian_width', True)
05  pd.set_option('display.width', 180) # 設置寬度
06
07  print(df.drop([0,1,2,3,4],axis=0))
08  print()
09  print(df.drop(index=[0,1,2,3,4]))
10  print()
```

執行結果

```
    員工編號 員工姓名 電腦應用 英文對話 ...  業務推廣 經營理念 總分 總平均
5   910006  曾雅琪    87      83    ...   77      80    415  83.0
6   910007  王貞琇    80      70    ...   93      96    429  85.8
7   910008  陳光輝    90      78    ...   85      95    440  88.0
8   910009  林子杰    78      80    ...   80      92    425  85.0
9   910010  李宗勳    60      58    ...   40      70    311  62.2
10  910011  蔡昌洲    77      88    ...   76      89    411  82.2
11  910012  何福謀    72      89    ...   90      67    402  80.4

[7 rows x 9 columns]
    員工編號 員工姓名 電腦應用 英文對話 ...  業務推廣 經營理念 總分 總平均
5   910006  曾雅琪    87      83    ...   77      80    415  83.0
6   910007  王貞琇    80      70    ...   93      96    429  85.8
7   910008  陳光輝    90      78    ...   85      95    440  88.0
8   910009  林子杰    78      80    ...   80      92    425  85.0
9   910010  李宗勳    60      58    ...   40      70    311  62.2
10  910011  蔡昌洲    77      88    ...   76      89    411  82.2
11  910012  何福謀    72      89    ...   90      67    402  80.4

[7 rows x 9 columns]
```

程式解析

＊ 第 1 行：匯入 pandas 套件並以 pd 作為別名。

＊ 第 2 行：讀取指定檔名的 Excel 檔案。

＊ 第 3~5 行：加入底下三道指令就可以解決這個中文無法對齊的問題。

＊ 第 7 行：第一種刪除列的方式，必須指定參數 axis = 0。

＊ 第 9 行：第二種刪除列的方式。

　　第三個刪除列的示範則是以條件式設定的方式來進行刪除的動作，例如底下的例子，我們示範了如何將「電腦應用」分數「小於或等於 88 分」的資料列進行刪除，實務上的作法，我們是在程式中直接以設定「大於 88 分」條件的資料篩選出來，而這個執行結果就是將「電腦應用」分數「小於或等於 88 分」的資料列進行刪除。

	A	B	C	D	E	F	G	H	I
1	員工編號	員工姓名	電腦應用	英文對話	銷售策略	業務推廣	經營理念	總分	總平均
2	910001	王楨珍	98	95	86	80	88	447	89.4
3	910002	郭佳琳	80	90	82	83	82	417	83.4
4	910003	葉千瑜	86	91	86	80	93	436	87.2
5	910004	郭佳華	89	93	89	87	96	454	90.8
6	910005	彭天慈	90	78	90	78	90	426	85.2
7	910006	曾雅琪	87	83	88	77	80	415	83
8	910007	王貞琇	80	70	90	93	96	429	85.8
9	910008	陳光輝	90	78	92	85	95	440	88
10	910009	林子杰	78	80	95	80	92	425	85
11	910010	李宗勳	60	58	83	40	70	311	62.2
12	910011	蔡昌洲	77	88	81	76	89	411	82.2
13	910012	何福謀	72	89	84	90	67	402	80.4

範例程式：drop3.py

```
01  import pandas as pd
02  df=pd.read_excel("training.xlsx")
03  pd.set_option('display.unicode.ambiguous_as_wide', True)
04  pd.set_option('display.unicode.east_asian_width', True)
05  pd.set_option('display.width', 180) # 設置寬度
06
07  print(df[df["電腦應用"]>88])
08  print()
```

執行結果

```
    員工編號  員工姓名  電腦應用  英文對話  ...  業務推廣  經營理念  總分   總平均
0   910001  王楨珍    98    95   ...   80    88   447  89.4
3   910004  郭佳華    89    93   ...   87    96   454  90.8
4   910005  彭天慈    90    78   ...   78    90   426  85.2
7   910008  陳光輝    90    78   ...   85    95   440  88.0

[4 rows x 9 columns]
```

程式解析

* 第1行：匯入 pandas 套件並以 pd 作爲別名。

* 第2行：讀取指定檔名的 Excel 檔案。

超高效！Python×Excel 資料分析自動化：輕鬆打造你的完美工作法！

＊ 第 3~5 行：加入底下三道指令就可以解決這個中文無法對齊的問題。

＊ 第 7 行：在程式中直接以設定「大於 88 分」條件的資料篩選出來，就是將「電腦應用」分數「小於或等於 88 分」的資料列進行刪除。

5-7-3 用其他值替換 DataFrame 中的值

下面的例子會示範各種不同參數表示方式的替換，其中包括了字串的替換，也可包括了將某一個指定的數值換成另一個指定的數值。同時也示範如何在串列中指定數值全部替換成指定的數值。

範例檔案：book1.xlsx

	A	B	C	D	E
1	書名	定價	書號	作者	出版年
2	C語言	500	A101	陳一豐	2018
3	C++語言	480	A102	許富強	2019
4	C++語言	480	A102	許富強	2020
5	C++語言	480	A102	陳伯如	2021
6	C#語言	580	A103	李天祥	2021
7	Java語言	620	A104	吳建文	2019
8	Python語言	480	A105	吳建文	2120

範例程式：replace.py

```
01   import pandas as pd
02   df=pd.read_excel("book1.xlsx")
03   pd.set_option('display.unicode.ambiguous_as_wide', True)
04   pd.set_option('display.unicode.east_asian_width', True)
05   pd.set_option('display.width', 180) # 設置寬度
06
07   print()
08   print(df)   #原資料內容
09   print()
10   print(df.replace("C#語言", "C Sharp"))
11   print()
12   df["定價"].replace(620,600,inplace=True)
13   print(df)
```

```
14  print() #新資料內容
15  df["定價"].replace([480,500],520,inplace=True)
16  print(df)
17  print() #新資料內容
```

執行結果

```
          書名   定價    書號      作者   出版年
0        C語言   500   A101   陳一豐   2018
1      C++語言   480   A102   許富強   2019
2      C++語言   480   A102   許富強   2020
3      C++語言   480   A102   陳伯如   2021
4       C#語言   580   A103   李天祥   2021
5     Java語言   620   A104   吳建文   2019
6   Python語言   480   A105   吳建文   2120

          書名   定價    書號      作者   出版年
0        C語言   500   A101   陳一豐   2018
1      C++語言   480   A102   許富強   2019
2      C++語言   480   A102   許富強   2020
3      C++語言   480   A102   陳伯如   2021
4    C Sharp   580   A103   李天祥   2021
5     Java語言   620   A104   吳建文   2019
6   Python語言   480   A105   吳建文   2120

          書名   定價    書號      作者   出版年
0        C語言   500   A101   陳一豐   2018
1      C++語言   480   A102   許富強   2019
2      C++語言   480   A102   許富強   2020
3      C++語言   480   A102   陳伯如   2021
4       C#語言   580   A103   李天祥   2021
5     Java語言   600   A104   吳建文   2019
6   Python語言   480   A105   吳建文   2120

          書名   定價    書號      作者   出版年
0        C語言   520   A101   陳一豐   2018
1      C++語言   520   A102   許富強   2019
2      C++語言   520   A102   許富強   2020
3      C++語言   520   A102   陳伯如   2021
4       C#語言   580   A103   李天祥   2021
5     Java語言   600   A104   吳建文   2019
6   Python語言   520   A105   吳建文   2120
```

程式解析

＊ 第1行：匯入 pandas 套件並以 pd 作為別名。

＊ 第2行：讀取指定檔名的 Excel 檔案。

＊ 第3~5行：加入底下三道指令就可以解決這個中文無法對齊的問題。

＊ 第8行：輸出原資料庫內容。

* 第 10 行：將「C# 語言」以「C Sharp」字串取代。

* 第 12 行：將數值 620 以數值 600 取代。

* 第 15 行：將數值 480 及 500 都以數值 520 取代。

　　下一個例子則示範如何以字典資料型態來同時進行資料庫中多對多數值的替換工作。

範例檔案：book1.xlsx

	A	B	C	D	E
1	書名	定價	書號	作者	出版年
2	C語言	500	A101	陳一豐	2018
3	C++語言	480	A102	許富強	2019
4	C++語言	480	A102	許富強	2020
5	C++語言	480	A102	陳伯如	2021
6	C#語言	580	A103	李天祥	2021
7	Java語言	620	A104	吳建文	2019
8	Python語言	480	A105	吳建文	2120

範例程式：replace1.py

```python
01  import pandas as pd
02  df=pd.read_excel("book1.xlsx")
03  pd.set_option('display.unicode.ambiguous_as_wide', True)
04  pd.set_option('display.unicode.east_asian_width', True)
05  pd.set_option('display.width', 180) # 設置寬度
06
07  print()
08  print(df)   #原資料內容
09  print()
10  print(df.replace({620:600,480:500,2120:2020}))
```

	書名	定價	書號	作者	出版年
0	C語言	500	A101	陳一豐	2018
1	C++語言	480	A102	許富強	2019
2	C++語言	480	A102	許富強	2020
3	C++語言	480	A102	陳伯如	2021
4	C#語言	580	A103	李天祥	2021
5	Java語言	620	A104	吳建文	2019
6	Python語言	480	A105	吳建文	2120

	書名	定價	書號	作者	出版年
0	C語言	500	A101	陳一豐	2018
1	C++語言	500	A102	許富強	2019
2	C++語言	500	A102	許富強	2020
3	C++語言	500	A102	陳伯如	2021
4	C#語言	580	A103	李天祥	2021
5	Java語言	600	A104	吳建文	2019
6	Python語言	500	A105	吳建文	2020

程式解析

* 第 1 行：匯入 pandas 套件並以 pd 作為別名。

* 第 2 行：讀取指定檔名的 Excel 檔案。

* 第 3~5 行：加入底下三道指令就可以解決這個中文無法對齊的問題。

* 第 8 行：輸出原資料庫內容。

* 第 10 行：以字典資料型態來同時進行資料庫中多對多數值的替換工作。

5-7-4　其它實用的資料操作技巧

要獲取 Pandas 列中的唯一值，可以用 unique() 方法。例如下例中要查看「電腦應用」有哪幾種分數，這種情況下就可以使用 unique() 方法來取得列中的唯一值。它的概念有點像取出該欄的值並去除重複項，接著我們就以實例來看如何使用 unique() 方法來觀察電腦應用共有下列幾種分數。

範例檔案：training.xlsx

	A	B	C	D	E	F	G	H	I
1	員工編號	員工姓名	電腦應用	英文對話	銷售策略	業務推廣	經營理念	總分	總平均
2	910001	王楨珍	98	95	86	80	88	447	89.4
3	910002	郭佳琳	80	90	82	83	82	417	83.4
4	910003	葉千瑜	86	91	86	80	93	436	87.2
5	910004	郭佳華	89	93	89	87	96	454	90.8
6	910005	彭天慈	90	78	90	78	90	426	85.2
7	910006	曾雅琪	87	83	88	77	80	415	83
8	910007	王貞琇	80	70	90	93	96	429	85.8
9	910008	陳光輝	90	78	92	85	95	440	88
10	910009	林子杰	78	80	95	80	92	425	85
11	910010	李宗勳	60	58	83	40	70	311	62.2

範例程式：unique.py 範例檔案：training.xlsx

```
01  import pandas as pd
02  df=pd.read_excel("training.xlsx")
03  pd.set_option('display.unicode.ambiguous_as_wide', True)
04  pd.set_option('display.unicode.east_asian_width', True)
05  pd.set_option('display.width', 180) # 設置寬度
06
07  print(df)
08  print(" 電腦應用共有下列幾種分數：")
09  print(df[" 電腦應用 "].unique())
10  print()
```

執行結果

```
    員工編號  員工姓名  電腦應用  英文對話  ...  業務推廣  經營理念  總分   總平均
0   910001   王楨珍     98      95   ...    80     88    447  89.4
1   910002   郭佳琳     80      90   ...    83     82    417  83.4
2   910003   葉千瑜     86      91   ...    80     93    436  87.2
3   910004   郭佳華     89      93   ...    87     96    454  90.8
4   910005   彭天慈     90      78   ...    78     90    426  85.2
5   910006   曾雅琪     87      83   ...    77     80    415  83.0
6   910007   王貞琇     80      70   ...    93     96    429  85.8
7   910008   陳光輝     90      78   ...    85     95    440  88.0
8   910009   林子杰     78      80   ...    80     92    425  85.0
9   910010   李宗勳     60      58   ...    40     70    311  62.2
10  910011   蔡昌洲     77      88   ...    76     89    411  82.2
11  910012   何福謀     72      89   ...    90     67    402  80.4

[12 rows x 9 columns]
電腦應用共有下列幾種分數:
[98 80 86 89 90 87 78 60 77 72]
```

* 第 1 行：匯入 pandas 套件並以 pd 作為別名。

* 第 2 行：讀取指定檔名的 Excel 檔案。

* 第 3~5 行：加入底下三道指令就可以解決這個中文無法對齊的問題。

* 第 9 行：利用 unique() 方法查看「電腦應用」有哪幾種分數。

前一個例子介紹的資料操作技巧是如何獲取 Pandas 列中的唯一值，下一個範例則是教導如何利用 cut() 方法進行資料的分組，也就是 cut 方法是利用數值區間將數值分組，以底下的例子可以觀察出電腦應用的分數區間的分佈情況。另外我們也可以使用 qcut() 方法，qcut() 則是用分位數，從底下的執行結果可以看出 qcut() 把所有數值平均分配了。

範例檔案：training.xlsx

	A	B	C	D	E	F	G	H	I
1	員工編號	員工姓名	電腦應用	英文對話	銷售策略	業務推廣	經營理念	總分	總平均
2	910001	王楨珍	98	95	86	80	88	447	89.4
3	910002	郭佳琳	80	90	82	83	82	417	83.4
4	910003	葉千瑜	86	91	86	80	93	436	87.2
5	910004	郭佳華	89	93	89	87	96	454	90.8
6	910005	彭天慈	90	78	90	78	90	426	85.2
7	910006	曾雅琪	87	83	88	77	80	415	83
8	910007	王貞琇	80	70	90	93	96	429	85.8
9	910008	陳光輝	90	78	92	85	95	440	88
10	910009	林子杰	78	80	95	80	92	425	85
11	910010	李宗勳	60	58	83	40	70	311	62.2
12	910011	蔡昌洲	77	88	81	76	89	411	82.2
13	910012	何福謀	72	89	84	90	67	402	80.4

範例程式：cut.py　範例檔案：training.xlsx

```
01  import pandas as pd
02  df=pd.read_excel("training.xlsx")
03  pd.set_option('display.unicode.ambiguous_as_wide', True)
04  pd.set_option('display.unicode.east_asian_width', True)
05  pd.set_option('display.width', 180) # 設置寬度
06
07  print(" 電腦應用的分數區間的分佈情況：")
```

```
08  print(pd.cut(df["電腦應用"],bins=[0,60,70,80,90,100]))
09  print()
10  print("電腦應用的分數分成 5 等份：")
11  print(pd.qcut(df["電腦應用"],5))
12 print()
```

執行結果

```
電腦應用的分數區間的分佈情況:
0     (90, 100]
1     (70, 80]
2     (80, 90]
3     (80, 90]
4     (80, 90]
5     (80, 90]
6     (70, 80]
7     (80, 90]
8     (70, 80]
9     (0, 60]
10    (70, 80]
11    (70, 80]
Name: 電腦應用, dtype: category
Categories (5, interval[int64, right]): [(0, 60] < (60, 70] < (70, 80] < (80, 90] < (90, 100]]

電腦應用的分數分成 5 等份.
0     (89.8, 98.0]
1     (77.2, 80.0]
2     (80.0, 86.6]
3     (86.6, 89.8]
4     (89.8, 98.0]
5     (86.6, 89.8]
6     (77.2, 80.0]
7     (89.8, 98.0]
8     (77.2, 80.0]
9     (59.999, 77.2]
10    (59.999, 77.2]
11    (59.999, 77.2]
Name: 電腦應用, dtype: category
Categories (5, interval[float64, right]): [(59.999, 77.2] < (77.2, 80.0] < (80.0, 86.6] < (86.6, 89.8] < (89.8, 98.0]]
```

程式解析

* 第 1 行：匯入 pandas 套件並以 pd 作為別名。

* 第 2 行：讀取指定檔名的 Excel 檔案。

* 第 3~5 行：加入底下三道指令就可以解決這個中文無法對齊的問題。

* 第 8 行：輸出電腦應用的分數區間的分佈情況。

* 第 11 行：將電腦應用的分數分成 5 等份，並加以輸出。

5-8 彙總運算

　　pandas 物件擁有一組常用的數學和統計方法，這些常應用在進行 DataFrame 當中的彙總運算。例如 sum 方法，我們可以利用這個方法對 DataFrame 進行求和，如果不傳任何引數，預設的情況下，是對每一行進行求和。

　　又例如 mean 方法，我們可以利用這個方法對 DataFrame 進行求平均值，如果不傳任何引數，預設的情況下，是對每一行進行求平均值。底下為常用彙總運算的方法及簡要功能說明：

● count：計算每列或每行的非 NA 儲存格個數。

● min, max：min() 函數（或 max() 函數）可以針對資料表的欄或列進行取最小值（或最大值）的工作，取決於 axis 參數，預設值為 0 表示求每一欄的最小值（或最大值），如果將 axis 修改為 1，則表示求每一列的最小值（或最大值）。另外我們也可以只針對單一欄或單一列值取最小值（或最大值），只要指定該欄或列的名稱再進行取最小值（或最大值）的函數呼叫即可。

● sum：sum() 函數可以針對資料表的欄或列進行加總的工作，取決於 axis 參數，預設值為 0 表示加總每一欄，如果將 axis 修改為 1，則會將每一列的值進行加總。另外我們也可以只針對單一欄或單一列的值進行加總，只要指定該欄或列的名稱再進行加總的函數呼叫即可。

● mean：mean() 函數可以針對資料表的欄或列進行平均的工作，取決於 axis 參數，預設值為 0 表示求每一欄的平均值，如果將 axis 修改為 1，則表示求每一列的平均值。另外我們也可以只針對單一欄或單一列的值進行平均，只要指定該欄或列的名稱再進行平均的函數呼叫即可。

● median()：求取中位數，所謂中位數是統計學中的專業名詞，是指一組數字的中間數字；即是有一半數字的值大於中位數，而另一半數字的值小於中位數。如果序列個數為奇數，則中位數為最中間的數，但如果序列個數為偶數，則中位數為最中間兩個數的平均值。以下面的序列為例、就是 3 和 5 的平均值 ，即中位數為 4。一組資料的中位數是指將資料從小到大排序後，最中間的數。資料個數是偶數，則可以有不同的值。通常的做法是取最中間的兩個數做平均，例如：6 位同學的成績是 87,65,67,90,77,79，則依大小排列後中間兩個數是 77 及 79，取其平 (77+79)/2 = 78，為中位數，表示這 6 位同學的中等成績是 78 分。在 Python 要求取一組資料的中位數，是以 median() 函數來達到這項目的，這個函數的使用原則和上述幾個函數類似，median() 函數可以針對資料表的欄或列進行取中位數的工作，取決於 axis 參數，預設值為 0 表示求每一欄的最小值，如果將 axis 修改為 1，則表示求每一列的中位數。

- mode()：而一組資料的眾數是指資料中出現次數最多的數值。當資料中出現最多次數的數值一個以上時，則眾數不是唯一的；而當資料中的數值出現次數都一樣多時，眾數不存在。例如：收集 7 位同學在罰球線上投籃 10 次進籃的次數，每位同學投中的次數分別為 8、7、4、3、8、1、2，何者為投中次數的眾數？因為進籃次數最多者為 8，所以眾數為 8。

底下的例子將示範幾個彙總運算的綜合應用。

範例檔案：summary01.xlsx

	A	B	C	D
1	員工編號	姓名	第一喜好	部門
2	R0001	許富強	高雄	研發部
3	R0002	邱瑞祥		研發部
4	M0001	朱正富	台北	行銷部
5	A0001	陳貴玉	新北	行政部
6	M0002	鄭芸麗	台中	行銷部
7	M0003	許伯如	高雄	
8	A0002	林宜訓	高雄	行政部

範例程式：summary01.py

```
01  import pandas as pd
02  df=pd.read_excel("summary01.xlsx")
03  pd.set_option('display.unicode.ambiguous_as_wide', True)
04  pd.set_option('display.unicode.east_asian_width', True)
05  pd.set_option('display.width', 180) # 設置寬度
06  #原資料庫
07  print(df)
08  print(" 預設的情況會計算每行的非 NA 儲存格個數 ")
```

```
09   print(df.count())
10   print(" 設定 axis=1, 計算每的列非 NA 儲存格個數 ")
11   print(df.count(axis=1))
12   print("# 直接指定欄位來檢查該行的非 NA 儲存格個數 ")
13   print(" 欄位名稱：第一喜好 ")
14   print(df[" 第一喜好 "].count())
```

執行結果

```
     員工編號      姓名 第一喜好      部門
0    R0001    許富強     高雄    研發部
1    R0002    邱瑞祥     NaN    研發部
2    M0001    朱正富     台北    行銷部
3    A0001    陳貴玉     新北    行政部
4    M0002    鄭芸麗     台中    行銷部
5    M0003    許伯如     高雄     NaN
6    A0002    林宜訓     高雄    行政部
預設的情況會計算每行的非NA 儲存格個數
員工編號      7
姓名        7
第一喜好      6
部門        6
dtype: int64
設定axis=1, 計算每的列非NA 儲存格個數
0    4
1    3
2    4
3    4
4    4
5    3
6    4
dtype: int64
#直接指定欄位來檢查該行的非NA 儲存格個數
欄位名稱：第一喜好
6
```

程式解析

＊第 1 行：匯入 pandas 套件並以 pd 作爲別名。

＊第 2 行：讀取指定檔名的 Excel 檔案。

＊第 3~5 行：加入底下三道指令就可以解決這個中文無法對齊的問題。

＊第 7 行：輸出原資料庫內容。

＊第 8 行：count() 函數預設的情況會計算每行的非 NA 儲存格個。

＊第 10 行：count() 函數中設定 axis=1，會計算每的列非 NA 儲存格個數。

* 第 14 行：直接指定「第一喜好」欄位來檢查該行的非 NA 儲存格個數。

範例檔案：summary02.xlsx

	A	B	C
1	第一次	第二次	第三次
2	10	9	10
3	7	5	6
4	6	9	7
5	7	6	5
6	8	10	10
7	9	9	7
8	10	7	10

範例程式：summary02.py

```
01   import pandas as pd
02   df=pd.read_excel("summary02.xlsx")
03   pd.set_option('display.unicode.ambiguous_as_wide', True)
04   pd.set_option('display.unicode.east_asian_width', True)
05   pd.set_option('display.width', 180) # 設置寬度
06   #原資料庫
07   df.index=["NO1","NO2", "NO3","NO4","NO5", "NO6","NO7"]
08   print(" 總和 ")
09   print(df.sum(axis=1))
10   print(" 平均值 ")
11   print(df.mean(axis=1))
12   print(" 中位數 ")
13   print(df.median())
```

```
總和
NO1      29
NO2      18
NO3      22
NO4      18
NO5      28
NO6      25
NO7      27
dtype: int64
平均值
NO1      9.666667
NO2      6.000000
NO3      7.333333
NO4      6.000000
NO5      9.333333
NO6      8.333333
NO7      9.000000
dtype: float64
中位數
第一次      8.0
第二次      9.0
第三次      7.0
dtype: float64
```

程式解析

* 第 1 行：匯入 pandas 套件並以 pd 作為別名。

* 第 2 行：讀取指定檔名的 Excel 檔案。

* 第 3~5 行：加入底下三道指令就可以解決這個中文無法對齊的問題。

* 第 7 行：設定資料庫索引值。

* 第 9 行：計算資料庫各索引值所在列的總和。

* 第 11 行：計算資料庫各索引值所在列的平均。

* 第 13 行：計算資料庫各欄的中位數。

範圍選取與套用格式

▼　▼　▼

首先我們先來看如何在 Python 中使用 openpyxl 模組讀取與寫入 Excel 的 *.xlsx 檔案。Python 的 openpyxl 模組可用來讀取或寫入 Office Open XML 格式的 Excel 檔案，目前 openpyxl 模組支援的檔案類型有 xlsx、xlsm、xltx、xltm，接著就來示範如何使用 openpyxl 模組來讀取 Excel 檔案，之後再藉助作用工作表的設定及儲存格的操作，就可以進一步去修改 Excel 檔案的內容。

6-1 活頁簿讀取、新建與儲存

　　如果各位想要讀取 Excel 檔案，我們可以利用 openpyxl 中的 load_workbook 函數：

```
from openpyxl import load_workbook
wb = load_workbook('test.xlsx')
```

　　當使用 load_workbook() 方法載入 Excel 檔案之後，會得到一個活頁簿（workbook）的物件。上述是示範如何利用 Python 語法來讀取 Excel 檔案的活頁簿內容。如果你要直接利用 Python 語法來新建一個 Excel 檔案的活頁簿，就必須藉助新建活頁簿的語法指令，示範如下：

```
wb2 = Workbook()
```

　　取得活頁簿（workbook）的物件之後就可以針對工作表內容進行修改，當修改的工作完成後，如果要將活頁簿物件儲存至 Excel 檔案中，則可使用活頁簿的 save 函數，語法如下：

```
wb.save('output.xlsx')
```

　　有關 openpyx1 模組中和 Excel 活頁簿的基礎操作，我們將分兩個方向來簡單介紹：一個是工作表的操作，另一個則是儲存格的操作。

6-1-1 工作表的基本操作

　　如果要讀取 Excel 檔案，可以利用 openpyxl 中的 load_workbook 函數，一本活頁簿中會包含一張或多張工作表（worksheet），我們可以透過活頁簿的 sheetnames 來顯示工作表名稱，或是透過 for 迴圈逐一處理每一張工作表。另外，我們可以透過活頁簿的 active 屬性取得目前作用中的工作表，甚至我們可以直接以工作表的名稱來取得指定的工作表。當各位有需要更改工作表名稱或顏色，也可以透過 .title

屬性來指定名稱，或是直接利用 sheet.sheet_properties.tabColor 更改工作表標籤顏色，其它如新增工作表或複製工作表，我們都一併在底下的例子來加以示範說明。

◉ 未操作 EXCEL 檔案外觀：book.xlsx

	A	B	C	D	E	F	G	H
1	書名	定價	書號	作者				
2	C語言	500	A101	陳一豐				
3	C++語言	480	A102	許富強				
4	C++語言	480	A102	許富強				
5	C++語言	480	A102	陳伯如				
6	C#語言	580	A103	李天祥				
7	Java語言	620	A104	吳建文				
8	Python語言	480	A105	吳建文				
9								
10								

書單1　書單2

◉ 綷操作 EXCEL 檔案外觀：book1.xlsx

	A	B	C	D	E	F	G	H	I
1	書名	定價	書號	作者					
2	C語言	500	A101	陳一豐					
3	C++語言	480	A102	許富強					
4	C++語言	480	A102	許富強					
5	C++語言	480	A102	陳伯如					
6	C#語言	580	A103	李天祥					
7	Java語言	620	A104	吳建文					
8	Python語言	480	A105	吳建文					
9									
10									
11									

書單0　書單1　優惠價書單　書單1 Copy　書單3

範例程式：sheet.py

```
01  from openpyxl import load_workbook
02  wb = load_workbook('book.xlsx')
03  #新建工作表
04  from openpyxl import Workbook
05  wb2 = Workbook()
06  #取得工作表名稱
07  print('目前所有工作表名稱:', wb.sheetnames)
08  #取得作用工作表名稱
```

```
09  actSheet = wb.active
10  print('目前作用工作表名稱:',actSheet.title)
11  #以迴圈方式印出活頁簿中所有工作表名稱
12  print('以迴圈方式依序取得所有工作表名稱:')
13  for sheet in wb:
14      print(sheet.title)
15  # 更改工作表名稱
16  print('='*40)
17  sheet.title = "優惠價書單"
18  print('更改工作表名稱後的名稱')
19  print(sheet.title)
20  # 透過名稱取得工作表
21  sheet = wb['優惠價書單']
22  # 更改工作表標籤顏色
23  sheet.sheet_properties.tabColor = "FFFF00"
24  # 複製工作表
25  s1 = wb.active
26  s2 = wb.copy_worksheet(s1)
27  #以迴圈方式印出活頁簿中所有工作表名稱
28  print('='*40)
29  print('執行複製工作表後的所有工作表名稱:')
30  for sheet in wb:
31      print(sheet.title)
32  # 新增工作表（放在最後方）
33  ws1 = wb.create_sheet("書單3")
34  # 新增工作表（放在最前方）
35  ws2 = wb.create_sheet("書單0", 0)
36  #以迴圈方式印出活頁簿中所有工作表名稱
37  print('='*40)
38  print('執行新增工作表後的所有工作表名稱:')
39  for sheet in wb:
40      print(sheet.title)
41  #將修改過的活頁簿內容以另一個檔名儲存
42  wb.save('book1.xlsx')
```

執行結果

```
目前所有工作表名稱：['書單1', '書單2']
目前作用工作表名稱：書單1
以迴圈方式依序取得所有工作表名稱：
書單1
書單2
==========================================
更改工作表名稱後的名稱
優惠價書單
==========================================
執行複製工作表後的所有工作表名稱：
書單1
優惠價書單
書單1 Copy
==========================================
執行新增工作表後的所有工作表名稱：
書單0
書單1
優惠價書單
書單1 Copy
書單3
```

程式解析

* 第 1 行：載入 openpyxl 套件，並匯入 load_workbook 函數。

* 第 2 行：利用 openpyxl.load_workbook() 函數開啟「book.xlsx」活頁簿檔案。

* 第 4~5 行：利用 Workbook() 新建工作表。

* 第 7 行：取得目前所有工作表名稱。

* 第 9~10 行：取得作用工作表名稱。

* 第 12~14 行：以迴圈方式印出活頁簿中所有工作表名稱。

* 第 17~19 行：更改工作表名稱。

* 第 21 行：透過名稱取得工作表。

* 第 23 行：更改工作表標籤顏色。

* 第 25~31 行：複製工作表，並印出執行複製工作表後的所有工作表名稱。

* 第 33 行：新增工作表（放在最後方）。

* 第 35 行：新增工作表（放在最前方）。

* 第 39~40 行：執行新增工作表後的所有工作表名稱。

* 第 42 行：將修改過的活頁簿內容以另一個檔名儲存。

6-1-2　儲存格的基本操作

接下來我們將以另外一個綜合實例示範如何利用 Python 進行各種儲存格操作行為。這些操作動作包括根據位置取得儲存格、修改儲存格資料、以及如何取得指定範圍的儲存格物件或是直接以行號、列號來指定儲存格，並進行內容修改或內容值的輸出。

◉ **未操作 EXCEL 檔案外觀：cell_test.xlsx**

◉ **經操作 EXCEL 檔案外觀：cell_test1.xlsx'**

A4 儲存格內容
已變更成「App
Inventor」

【範例程式：cell.py】

```
01   from openpyxl import load_workbook
02   wb = load_workbook('cell_test.xlsx')
03   sheet = wb['書單1']
04   # 根據位置取得儲存格
05   c = sheet['A4']
```

```
06    # 取得儲存格資料
07    print(c.value)
08    # 修改資料
09    c.value = "App Inventor"
10    print(c.value)
11    # 以行號、列號指定儲存格
12    c = sheet.cell(row=4, column=4)
13    print(c.value)
14    # 取得指定範圍內儲存格物件
15    cellRange = sheet['A2':'A8']
16    # 以 for 迴圈逐一處理每個儲存格
17    for row in cellRange:
18        for c in row:
19            print(c.value)
20    #將修改過的活頁簿內容以另一個檔名儲存
21    wb.save('cell_test1.xlsx')
```

執行結果

```
C++語言
App Inventor
許富強
C語言
C++語言
App Inventor
C++語言
C#語言
Java語言
Python語言
```

程式解析

* 第 1 行：載入 openpyxl 套件，並匯入 load_workbook 函數。

* 第 2 行：利用 load_workbook() 函數開啟「cell_test.xlsx」活頁簿檔案。

* 第 3 行：取得「書單1」工作表。

* 第 5~7 行：根據位置取得儲存格內容值，並將該值輸出。

* 第 9~10 行：修改指定位置儲存格的資料，之後再印出其值。

* 第 12~13 行：以行號、列號指定儲存格，並印出其值。

* 第 15~19 行：取得指定範圍內儲存格物件，再以 for 迴圈逐一處理輸出該範圍儲存格的值。

* 第 21 行：將修改過的活頁簿內容以另一個檔名儲存。

6-1-3　在工作表中插入圖片

我們也可以在工作表中插入圖片，只要透過 add_image() 就可以完成這項任務，其參考範例如下：

範例程式：pic.py

```
01   from openpyxl import Workbook
02   from openpyxl.drawing.image import  Image
03
04   wb = Workbook()
05   ws = wb.active
06
07   img = Image('airline.jpg')
08
09   ws.add_image(img, 'A1')
10   wb.save('airline.xlsx')
```

執行結果

我們可以試著開啟「airline.xlsx」工作表，就可以看到我們已在指定位置插入了圖片，如下圖所示：

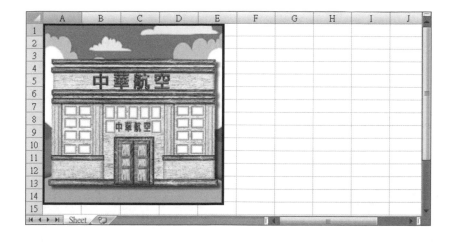

程式解析

* 第 4 行：利用 Workbook() 新建工作表。

* 第 5 行：取得作用工作表。

* 第 7~9 行：將指定圖片插入到 A1 儲存格。

* 第 10 行：將修改過的活頁簿內容以另一個檔名儲存。

6-2 資料範圍的選取

常見資料範圍的選取工作包括「選取欄」、「選取列」及「同時選取欄與列」，這些語法其實都不難，接著我們就來看看如何利用 Python 語法輕易地做到這些工作。

6-2-1 選取欄

我們可以選取單欄，例如如果要選取整個 D 欄，其語法如下：

```
data= sheet['D']
```

但如果要一次選取多欄，例如如果要選取 A 欄到 E 欄，其語法如下：

```
data = sheet['A:E']
```

6-2-2　選取列

我們可以選取單列，例如如果要選取第 5 列，其語法如下：

```
data= sheet[5]
```

但如果要一次選取多列，例如如果要選取第 3 列到第 8 列，其語法如下：

```
data = sheet[3:8]
```

6-2-3　選取資料範圍

若要一次對指定範圍內的所有儲存格進行操作，例如我們要取得資料範圍 A2:D8 內的儲存格物件，我們可以利用切片運算子來完成這項任務，當取得指定範圍的儲存格物件後，就可以利用 for 迴圈依序列印出該儲存格的值，請各位接著看底下的綜合範例。

範例檔案：book.xlsx

	A	B	C	D
1	書名	定價	書號	作者
2	C語言	500	A101	陳一豐
3	C++語言	480	A102	許富強
4	C++語言	480	A102	許富強
5	C++語言	480	A102	陳伯如
6	C#語言	580	A103	李天祥
7	Java語言	620	A104	吳建文
8	Python語言	480	A105	吳建文

```
01    from openpyxl import load_workbook
02    # 透過名稱取得工作表
03    wb = load_workbook('book.xlsx')
04    sheet = wb['書單 1']
05
06    # 取得指定範圍內儲存格物件
07    cellRange = sheet['A1':'D8']
08
09    # 以 for 迴圈逐一處理每個儲存格
10    for row in cellRange:
11        for c in row:
12            print(c.value,end=' ')
13        print()
```

執行結果

```
書名 定價 書號 作者
C語言 500 A101 陳一豐
C++語言 480 A102 許富強
C++語言 480 A102 許富強
C++語言 480 A102 陳伯如
C#語言 580 A103 李天祥
Java語言 620 A104 吳建文
Python語言 480 A105 吳建文
```

程式解析

＊ 第 1 行：載入 openpyxl 套件，並匯入 load_workbook 函數。

＊ 第 3 行：利用 load_workbook() 函數開啟「book.xlsx」活頁簿檔案。

＊ 第 7 行：取得指定範圍內儲存格物件。

＊ 第 10~13 行：以 for 迴圈逐一輸出每一個儲存格的值。

6-3 儲存格格式設定

　　設定儲存格的類別包括：Alignment、PatternFill、Font、Border、Side 等，如果我們希望以 Python 來設定儲存格的格式，除了必須要載入 openpyxl 類別之外，還必須從 openpyxl.styles 載入這些類別，語法如下：

```
import openpyx1
from openpyx1.styles import Alignment, PatternFill, Font, Border, Side
```

6-3-1　字型

　　Font 類別可以允許使用者建立 Font 類別的物件，透過所建立的物件就可以設定該字型物件的各種屬性，可以設定的功能包括字型名稱、字型大小、粗體斜體或下底線、字體的色彩、字體是否套用刪除線樣式…等。

6-3-2　儲存格色彩與圖樣

　　PatternFill 類別可以幫助各位設定儲存格是以顏色填滿或以指定圖樣填滿，其中 fgColor 屬性是用來指定儲存格的顏色，而 PatternTpye 屬性是用來指定儲存格以何種圖樣來進行填滿。

6-3-3　對齊方式

　　Alignment 類別則是允許使用者設定水平（Horizontal）或垂直（Vertical）的對齊方式，目前可供允許的設定方式，請各位直接參考底下的範例程式及執行結果：

● 未操作 EXCEL 檔案外觀：alignment.xlsx

	A	B	C	D
1	書名	定價	書號	作者
2	C語言	500	A101	陳一豐
3	C++語言	480	A102	許富強
4	C++語言	480	A102	許富強
5	C++語言	480	A102	陳伯如
6	C#語言	580	A103	李天祥
7	Java語言	620	A104	吳建文
8	Python語言	480	A105	吳建文

● 經操作 EXCEL 檔案外觀：alignment_ok.xlsx

	A			B	C	D
1		書名		定價	書號	作者
2	C	語	言	500	A101	陳一豐
3	C++	語	言	480	A102	許富強
4	C++	語	言	480	A102	許富強
5	C++	語	言	480	A102	陳伯如
6	C#	語	言	580	A103	李天祥
7	Java	語	言	620	A104	吳建文
8	Python	語	言	480	A105	吳建文

範例程式：alignment.py

```
01  from openpyxl import load_workbook
02  from openpyxl.styles import Alignment
03
04  wb = load_workbook('alignment.xlsx')
05  sh=wb.active
06
07  #設定欄寬
08  width={"A":40,"B":20,"C":20,"D":20 }
09  for col_name in width:
10      sh.column_dimensions[col_name].width=width[col_name]
11
12  head=['A','B','C','D']
13  for ch in head:
14      sh[ch+'1'].alignment=Alignment(horizontal="center",vertical="bottom")
15
```

```
16  for i in range(2,9):
17      sh['A'+str(i)].alignment=Alignment(horizontal="distributed",vertical="bottom")
18
19  for i in range(2,9):
20      sh['B'+str(i)].alignment=Alignment(horizontal="center",vertical="center")
21
22  for i in range(2,9):
23      sh['C'+str(i)].alignment=Alignment(horizontal="right",vertical="top")
24
25  for i in range(2,9):
26      sh['D'+str(i)].alignment=Alignment(horizontal="left",vertical="bottom")
27
28  wb.save('alignment_ok.xlsx')
```

執行結果

```
書名 定價 書號 作者
C語言 500 A101 陳一豐
C++語言 480 A102 許富強
C++語言 480 A102 許富強
C++語言 480 A102 陳伯如
C#語言 580 A103 李天祥
Java語言 620 A104 吳建文
Python語言 480 A105 吳建文
```

程式解析

* 第 8~10 行：設定欄寬。

* 第 12~14 行：設定標題列的對齊方式。

* 第 16~26 行：分別設定「A2:A8」、「B2:B8」、「C2:C8」、「D2:D8」儲存格
  範圍的對齊方式。

* 第 28 行：將修改過的活頁簿內容以另一個檔名儲存。

6-3-4　框線樣式

當我們載入活頁簿，如果要在這張工作表套用框線樣式，必須建立 Side
類別的物件變數，並於建立這個物件變數時指定框線樣式的風格（style）及

顏色（color），比較常見可以設定的樣式有：style=thick、style=dashDot、style=slantDashDot、style=hair、style=dashDotDot…等樣式，各位可以寫一支程式分別套用不同的框線，並分別將套用後的工作表儲存到不同的活頁簿檔案，就可以看到不同樣式框線的外觀。

◉ 未操作 EXCEL 檔案外觀：border.xlsx

	A	B	C
1	編號	姓名	聯絡方式
2	G10001	陳大豐	07-2232981
3	G10002	鄭伯宏	06-3845214
4	G10003	鍾文君	05-5541478
5	G10004	田方介	07-5147845
6	G10005	王振寰	06-2514213
7	G10006	方世玉	05-5412541
8	G10007	管介名	07-5142158

◉ 經操作 EXCEL 檔案外觀：border1_ok.xlsx

	A	B	C
1	編號	姓名	聯絡方式
2	G10001	陳大豐	07-2232981
3	G10002	鄭伯宏	06-3845214
4	G10003	鍾文君	05-5541478
5	G10004	田方介	07-5147845
6	G10005	王振寰	06-2514213
7	G10006	方世玉	05-5412541
8	G10007	管介名	07-5142158

書單1　書單2

◉ 經操作 EXCEL 檔案外觀：border2_ok.xlsx

	A	B	C
1	編號	姓名	聯絡方式
2	G10001	陳大豐	07-2232981
3	G10002	鄭伯宏	06-3845214
4	G10003	鍾文君	05-5541478
5	G10004	田方介	07-5147845
6	G10005	王振寰	06-2514213
7	G10006	方世玉	05-5412541
8	G10007	管介名	07-5142158

書單1　書單2

● 經操作 EXCEL 檔案外觀：border3_ok.xlsx

	A	B	C
1	編號	姓名	聯絡方式
2	G10001	陳大豐	07-2232981
3	G10002	鄭伯宏	06-3845214
4	G10003	鍾文君	05-5541478
5	G10004	田方介	07-5147845
6	G10005	王振寰	06-2514213
7	G10006	方世玉	05-5412541
8	G10007	管介名	07-5142158

● 經操作 EXCEL 檔案外觀：border4_ok.xlsx

	A	B	C
1	編號	姓名	聯絡方式
2	G10001	陳大豐	07-2232981
3	G10002	鄭伯宏	06-3845214
4	G10003	鍾文君	05-5541478
5	G10004	田方介	07-5147845
6	G10005	王振寰	06-2514213
7	G10006	方世玉	05-5412541
8	G10007	管介名	07-5142158

● 經操作 EXCEL 檔案外觀：border5_ok.xlsx

	A	B	C
1	編號	姓名	聯絡方式
2	G10001	陳大豐	07-2232981
3	G10002	鄭伯宏	06-3845214
4	G10003	鍾文君	05-5541478
5	G10004	田方介	07-5147845
6	G10005	王振寰	06-2514213
7	G10006	方世玉	05-5412541
8	G10007	管介名	07-5142158

範例程式：**border.py**

```
01   from openpyxl import load_workbook
02   from openpyxl.styles import Border, Side
03
04   wb = load_workbook('border.xlsx')
```

```
05  target=wb.active
06
07  s1=Side(style="thick",color="FFFF00")
08
09  for rows in target["A1":"C8"]:
10      for cell in rows:
11          cell.border=Border(left=s1,right=s1,top=s1,bottom=s1)
12
13  wb.save('border1_ok.xlsx')
14
15  s1=Side(style="dashDot",color="FF0000")
16  for rows in target["A1":"C8"]:
17      for cell in rows:
18          cell.border=Border(left=s1,right=s1,top=s1,bottom=s1)
19
20  wb.save('border2_ok.xlsx')
21
22  s1=Side(style="slantDashDot",color="00FF00")
23  for rows in target["A1":"C8"]:
24      for cell in rows:
25          cell.border=Border(left=s1,right=s1,top=s1,bottom=s1)
26
27  wb.save('border3_ok.xlsx')
28
29  s1=Side(style="hair",color="0000FF")
30  for rows in target["A1":"C8"]:
31      for cell in rows:
32          cell.border=Border(left=s1,right=s1,top=s1,bottom=s1)
33
34  wb.save('border4_ok.xlsx')
35
36  s1=Side(style="dashDotDot",color="000000")
37  for rows in target["A1":"C8"]:
38      for cell in rows:
```

```
39          cell.border=Border(left=s1,right=s1,top=s1,bottom=s1)
40
41   wb.save('border5_ok.xlsx')
```

下一個例子我們將以範例實作上述幾項格式設定，包括字體、顏色、對齊…等。

◉ 未操作 EXCEL 檔案外觀：sales.xlsx

	A	B	C	D	E	F	G
1	書號	書名	定價	學校文教	經銷門市	海外授權	銷售額
2	MP31201	C語言入門	360	1200	860	584	951840
3	MP31202	C++語言入門	380	1500	789	510	1063620
4	MP31203	C++語言進階實務	640	1280	851	640	1773440
5	MP31204	C++語言演算法	560	980	748	450	1219680
6	MP31205	C#語言入門	420	897	880	400	914340
7	MP31206	Java語言入門	480	546	654	680	902400
8	MP31207	Python語言入門	360	2160	1368	1200	1702080

程式解析

* 第 1~2 行：載入本範例需要的套件中的模組。

* 第 4 行：利用 load_workbook() 函數開啓「border.xlsx」活頁簿檔案。

* 第 7~13 行：將儲存格範圍 A1:C8 的框線以「style="thick"」樣式實作。

* 第 15~20 行：將儲存格範圍 A1:C8 的框線以「style="dashDot"」樣式實作。

* 第 22~27 行：將儲存格範圍 A1:C8 的框線以「style="slantDashDot"」樣式實作。

* 第 29~34 行：將儲存格範圍 A1:C8 的框線以「style="hair"」樣式實作。

* 第 36~39 行：將儲存格範圍 A1:C8 的框線以「style="dashDotDot"」樣式實作。

範例程式：format.py

```
01   from openpyxl import load_workbook
02   from openpyxl.styles import Alignment, PatternFill, Font, Border, Side
03
04   MYCOLOR="FF0000"
05   wb = load_workbook('sales.xlsx')
```

```
06  taeget=wb.active

07

08  # 凍結窗格

09  taeget.freeze_panes="C2"

10  # 設定欄寬

11  width={"A":10,"B":20,"C":8,"D":8 \

12        ,"E":8,"F":8,"G":10}

13  for col_name in width:

14      taeget.column_dimensions[col_name].width=width[col_name]

15

16  for i in range(2,taeget.max_row+1):

17      taeget.row_dimensions[i].height=18

18      for j in range(3,taeget.max_column+1):

19          # 千分位樣式

20          taeget.cell(row=i,column=j).number_format="#,##0"

21          if j==8:

22              taeget.cell(row=i,column=j).font=Font(bold=True)

23

24  # 建立字體

25  font_header=Font(name="新細明體", size=12, bold=True, color="FFFFFF")

26

27  for rows in taeget["A1":"G1"]:

28      for cell in rows:

29          cell.fill=PatternFill(patternType="solid",

30          fgColor=MYCOLOR)

31          cell.alignment=Alignment(horizontal="distributed")

32          cell.font=font_header

33

34  wb.save('sales_ok.xlsx')
```

◉ 經操作 EXCEL 檔案外觀：sales_ok.xlsx

	A	B	C	D	E	F	G
1	書　　號	書　　名	定　價	學校文教	經銷門市	海外授權	銷　售　額
2	MP31201	C語言入門	360	1,200	860	584	951,840
3	MP31202	C++語言入門	380	1,500	789	510	1,063,620
4	MP31203	C++語言進階實務	640	1,280	851	640	1,773,440
5	MP31204	C++語言演算法	560	980	748	450	1,219,680
6	MP31205	C#語言入門	420	897	880	400	914,340
7	MP31206	Java語言入門	480	546	654	680	902,400
8	MP31207	Python語言入門	360	2,160	1,368	1,200	1,702,080

書單1　書單2

程式解析

* 第1~2行：載入本範例需要的套件中的模組。

* 第4行：設定顏色的變數。

* 第9行：凍結窗格。

* 第11~14行：設定欄寬。

* 第16~22行：設定儲存格數值呈現的樣式。

* 第25~32行：工作表標題的樣式設定。

6-4　合併儲存格

　　有時為了美化儲存格的外觀或是設計表頭的需求，會需要將儲存格進行合併，要使用 python 語法進行儲存格的合併，必須透過 merge_cells() 這個方法，但是要將已合併的儲存格解除合併的狀態，就必須過 unmerge_cells() 這個方法。

　　當各位將指定範圍的儲存格進行合併之後，通常我們會將儲存格的值設定為文字水平置中對齊，其實這樣的程式功能就如同我們在 Excel 按下「合併儲存格」

的功能相似，例如下面二圖，同樣的原始工作表內容，一個是利用 Excel「合併儲存格」且「水平置中」所產生的工作表外觀。

▲ 未合併儲存格的工作表外觀

▲ 合併儲存格且置中對齊的工作表外觀

另一個則是利用 Python 程式的 merge_cells() 方法，並以 Alignment 類別來指定合併後儲存格內容必須文字水平置中對齊，各位就可以看出這兩個圖形的外觀可以說是完全一樣。

◉ 未操作 EXCEL 檔案外觀：merge.xlsx

範例程式：merge.py

```
01   from openpyxl import load_workbook
02   from openpyxl.styles import Alignment
03
04   wb = load_workbook('merge.xlsx')
05   target=wb.active
06
```

```
07   target.merge_cells("a1:d1")

08

09   target["a1"].alignment=Alignment(horizontal="center")

10

11   wb.save('merge_ok.xlsx')
```

執行結果

◉ 經操作 EXCEL 檔案外觀：merge_ok.xlsx

程式解析

✽ 第 7~9 行：將儲存格 A1:D1 合併，並水平置中對齊。

✽ 第 11 行：將修改過的活頁簿內容以另一個檔名儲存。

6-5 設定格式化條件

　　格式化條件主要當指定儲存格被輸入特定條件的資料時，透過儲存格格式的變化，提醒使用者該儲存格符合特定條件。看起來好像很難明白，以簡單的例子來說，如果 A1 儲存格被輸入數值「7」時，儲存格格式就會自動變成紅色的粗體字。設定格式化條件，最常被運用在安全存量管理。請開啟範例檔「提示訊息.xlsx」：

◎ 1

❶選取 G3 儲存格

❷執行此指令

◎ 2

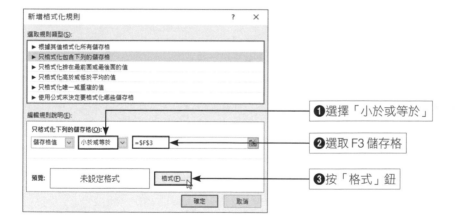

❶選擇「小於或等於」

❷選取 F3 儲存格

❸按「格式」鈕

◉ 3

❶切換到「字型」索引標籤

❷選擇「粗斜體」字型

◉ 4

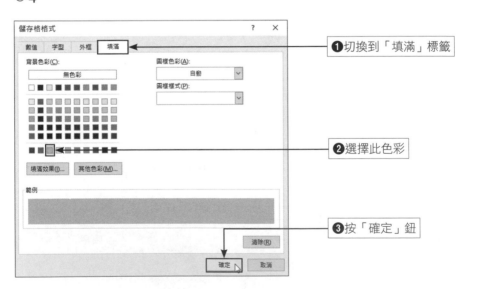

❶切換到「填滿」標籤

❷選擇此色彩

❸按「確定」鈕

◉ 5

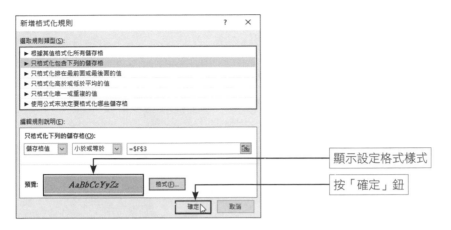

顯示設定格式樣式

按「確定」鈕

◉ 6

當 G3 小於 F3 時，顯示指定格式樣式

　　設定格式化條件沒有辦法使用填滿控點大量複製，也無法一次選取多個儲存格一次設定。但是若要刪除格式化條件，可由「常用」標籤按下「設定格式化的條件 / 管理規則」指令開啟設定視窗，並按下「刪除規則」鈕即可：

其實我們也可以利用 Python 的語法指令達到為工作表進行格式化條件，例如在下圖的成績表中將分數低於 60 分以下的儲存格以就填滿紅色的背景色，其完整的程式碼及執行成果外觀如下所示：

◉ 未操作 EXCEL 檔案外觀：score.xlsx

範例程式：conditional.py

```
01  from openpyxl import load_workbook
02  from openpyxl.formatting.rule import CellIsRule
03  from openpyxl.styles import PatternFill
04
05  wb = load_workbook('score.xlsx')
06  target=wb.active
07
08  fail=CellIsRule(operator="lessThan",formula=[60],
09                  stopIfTrue=True,fill=PatternFill(
10                  "solid",start_color="FF0000",end_color="FF0000")
11  )
12  target.conditional_formatting.add("B2:B8",fail)
13
14  wb.save('score_ok.xlsx')
```

執行結果

● **經操作 EXCEL 檔案外觀：score_ok.xlsx**

	A	B	C
1	考試科目	分數	
2	C語言入門	50	
3	C++語言入門	60	
4	C++語言進階實務	75	
5	C++語言演算法	64	
6	C#語言入門	48	
7	Java語言入門	47	
8	Python語言入門	80	

書單1　書單2

程式解析

＊ 第 1~3 行：載入本範例需要的套件及模組。

＊ 第 8~12 行：這個格式化條件是告知如果分數小於 60 分，則以紅色網底標示。

＊ 第 14 行：將修改過的活頁簿內容以另一個檔名儲存。

6-5-1　設定色階

除了透過格式化條件來指定符合條件值的儲存格變更背景色之外，各位應該有一個印象，在 Excel 中還可以設儲存格值的大小來填入不同色階的格式化條件，在 Python 如果要達到同樣的執行成果，其完整的 Python 程式碼及執行成果外觀如下所示：

● **未操作 EXCEL 檔案外觀：score.xlsx**

	A	B	C
1	考試科目	分數	
2	C語言入門	50	
3	C++語言入門	60	
4	C++語言進階實務	75	
5	C++語言演算法	64	
6	C#語言入門	48	
7	Java語言入門	47	
8	Python語言入門	80	

書單1　書單2

```
01   from openpyxl import load_workbook
02   from openpyxl.formatting.rule import ColorScaleRule
03
04
05   wb = load_workbook('score.xlsx')
06   target=wb.active
07
08   color_scale=ColorScaleRule(
09       start_type="min", start_color="0000FF",
10       end_type="max", end_color="FFFFFF"
11   )
12   target.conditional_formatting.add("B2:B8",color_scale)
13
14   wb.save('score_colorscale.xlsx')
```

執行結果

◉ 經操作 EXCEL 檔案外觀：score_colorscale.xlsx

程式解析

＊ 第 1~2 行：載入本範例需要的套件及模組。

＊ 第 5 行：利用 load_workbook() 函數開啟「score.xlsx」活頁簿檔案。

✱ 第 8~11 行：設定漸層色的規則，其中「start_type」可以設定為「"min"」，「end_
color」可以設定為「"max"」，漸層色的開始顏色及結束顏色則由 start_color 及
end_color 的參數來加以指定。

✱ 第 12 行：將格式化條件的設定在儲存格範圍「"B2:B8"」加入這個漸層色的規則。

✱ 第 14 行：將修改過的活頁簿內容以另一個檔名儲存。

MEMO

超高效！Python×Excel資料分析自動化：輕鬆打造你的完美工作法！

資料分組與樞紐分析

▼ ▼ ▼

本章將介紹如何以 Python 來實作分組統計，同時我們也會利用 pandas.
pivot_table 函數來以 Python 實作 Excel 樞紐分析表的類似功能。

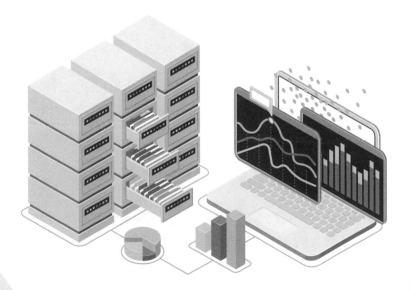

7-1 認識樞紐分析表

何謂「樞紐分析表」？簡單來說，樞紐分析表就是依照使用者的需求而製作的互動式資料表。當使用者想要改變檢視結果時，只需要透過改變樞紐分析表中的欄位，即可得到不同的檢視結果。但是使用者在建立樞紐分析表之前，必須知道資料分析所依據的來源，資料來源可為資料庫的資料表或目前的工作表資料。首先來瞭解樞紐分析表的組成元件為何？樞紐分析表是由四種元件組成，分別為欄、列、值及報表篩選。

- **欄與列**：通常為使用者用來查詢資料的主要根據。

- **值**：「值」乃由欄與列交叉產生的儲存格內容，即樞紐分析表中顯示資料的欄位。

- **篩選**：「篩選」並非樞紐分析表必要的組成元件，假如設定此項，可自由設定想要查看的區域或範圍。

7-1-1 樞紐分析表的建立三步驟

在 Excel 建立樞紐分析表的過程中，主要會出現三個步驟，接著將在建立的過程中，同時說明步驟中的各個設定。請開啟範例檔「業績表 -04.xlsx」。

● 樞紐分析表的建立

執行此指令

● 樞紐分析表設定視窗進行設定

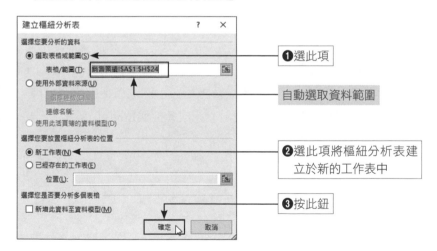

❶選此項

自動選取資料範圍

❷選此項將樞紐分析表建立於新的工作表中

❸按此鈕

● 版面配置

右側標示文字：

- 樞紐分析表功能區
- 這裡將會顯示右邊拖曳的情形
- 資料來源的欄位名稱
- 以滑鼠拖曳各個欄位名稱至四個不同的組成元件中

7-1-2　實際建立樞紐分析表

　　因為要製作各個地區的產品銷售統計表，所以接下來必須將「產品代號」欄位名稱拖曳至「列」組成元件欄位中，並將「銷售地區」欄位名稱拖曳至「欄」組成元件欄位，最後再將「總金額」移至「資料」組成元件欄位即可。

◎ 1

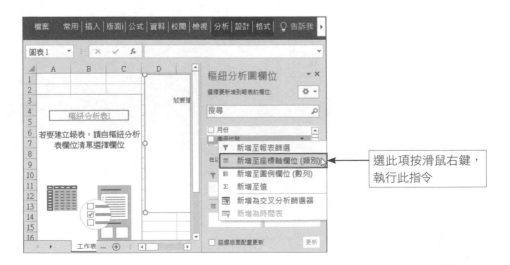

右側標示文字：選此項按滑鼠右鍵，執行此指令

◉ 2

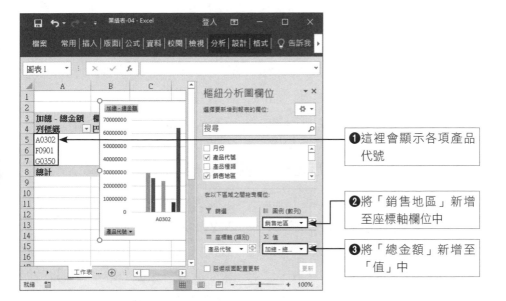

❶ 這裡會顯示各項產品
　代號

❷ 將「銷售地區」新增
　至座標軸欄位中

❸ 將「總金額」新增至
　「值」中

◉ 3

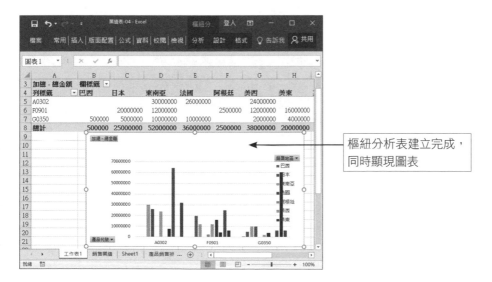

樞紐分析表建立完成，
同時顯現圖表

7-2 以 Python 實作分組統計

在 Python 可以利用 groupby() 方法進行分組，我們還可以針對分組後的資料進行彙總運算，例如將各分組資料進行加總或平均等運算，接下來我們將實作如何以 Python 的 groupby() 方法來達到資料表進行分組及彙總的目的。

7-2-1 利用 groupby() 方法以欄名來分組

我們可以將一個或一組欄名傳給 groupby() 方法，如此一來，python 就會依所傳的一個或一組欄名進行分組。這個方法回傳的物件是一種 DataFrameGroupBy 物件，這個物件會以分組的方式去記錄各組的資料，如果想要查看這些分組資料的細節，則必須藉助彙總相關函數，例如如果想計算各組的個數，則可以呼叫 count() 方法。底下的例子將分別針對一個或一組欄名進行分組，來加以示範如何以 groupby() 方法進行分組。同時也會示範如何以 Series 的方式作為 groupby() 方法的參數來進行分組。

範例檔案：**group.xlsx**

	A	B	C	D	E	F
1	學號	班級	組別	第一次	第二次	第三次
2	A001	甲班	男生組	10	9	10
3	A002	丙班	女生組	7	5	6
4	A003	甲班	男生組	6	9	7
5	A004	乙班	男女混合	7	6	5
6	A005	甲班	女生組	8	10	10
7	A006	乙班	男女混合	9	9	7
8	A007	丙班	男生組	10	7	10

範例程式：**group.py**

```
01   import pandas as pd
02   df=pd.read_excel("group.xlsx")
03   pd.set_option('display.unicode.ambiguous_as_wide', True)
04   pd.set_option('display.unicode.east_asian_width', True)
05   pd.set_option('display.width', 180) # 設置寬度
```

```
06  #原資料庫
07  print(df)
08  print(df.groupby("班級"))
09  print(df.groupby("班級").count())
10  print(df.groupby("班級").sum())
11  print(df.groupby(["班級","組別"]).count())
```

執行結果

```
   學號   班級      組別   第一次  第二次  第三次
0  A001   甲班     男生組    10     9     10
1  A002   丙班     女生組     7     5      6
2  A003   甲班     男生組     6     9      7
3  A004   乙班    男女混合    7     6      5
4  A005   甲班     女生組     8    10     10
5  A006   乙班    男女混合    9     9      7
6  A007   丙班     男生組    10     7     10
<pandas.core.groupby.generic.DataFrameGroupBy object at 0x0000025E76153460>
       學號  組別  第一次  第二次  第三次
班級
丙班     2    2     2      2      2
乙班     2    2     2      2      2
甲班     3    3     3      3      3
          第一次  第二次  第三次
班級
丙班        17    12     16
乙班        16    15     12
甲班        24    28     27
              學號  第一次  第二次  第三次
班級   組別
丙班   女生組     1     1      1      1
     男生組     1     1      1      1
乙班   男女混合   2     2      2      2
甲班   女生組     1     1      1      1
     男生組     2     2      2      2
```

程式解析

＊第 7 行：輸出工作表資料內容。

＊第 8 行：以「班級」分組並計數。

＊第 9 行：以「班級」分組並加總。

＊第 8 行：以「班級」及「組別」進行分組並計數。

7-2-2　以 aggregate() 方法進行彙總運算

　　上一小節所示範的彙總函數是直接配合 gropyby() 方法所回傳的 DataFrameGroupBy 物件去進行呼叫，但是這種方式只能一次呼叫一種指定的彙總函數，但是如果一次要同時使用多種彙總運算，這種情況下就必須透過 aggregate() 方法，例如底下的例子可以先針對所有欄（或列）進行求和的彙總運算。

範例檔案：group.xlsx

	A	B	C	D	E	F
1	學號	班級	組別	第一次	第二次	第三次
2	A001	甲班	男生組	10	9	10
3	A002	丙班	女生組	7	5	6
4	A003	甲班	男生組	6	9	7
5	A004	乙班	男女混合	7	6	5
6	A005	甲班	女生組	8	10	10
7	A006	乙班	男女混合	9	9	7
8	A007	丙班	男生組	10	7	10

範例程式：aggregate.py

```
01  import pandas as pd
02  df=pd.read_excel("group.xlsx")
03  pd.set_option('display.unicode.ambiguous_as_wide', True)
04  pd.set_option('display.unicode.east_asian_width', True)
05  pd.set_option('display.width', 180) # 設置寬度
06  #原資料庫
07  print(df)
08  print(df.groupby([" 班級 "," 組別 "]).aggregate(["count","sum"]))
09  print(df.groupby([" 班級 "," 組別 "]).aggregate({" 學號 ":"count"," 第一次 ":"sum","
    第二次 ":"sum"," 第三次 ":"sum"}))
```

	學號	班級	組別	第一次	第二次	第三次
0	A001	甲班	男生組	10	9	10
1	A002	丙班	女生組	7	5	6
2	A003	甲班	男生組	6	9	7
3	A004	乙班	男女混合	7	6	5
4	A005	甲班	女生組	8	10	10
5	A006	乙班	男女混合	9	9	7
6	A007	丙班	男生組	10	7	10

班級	組別	學號		第一次		第二次		第三次	
		count	sum	count	sum	count	sum	count	sum
丙班	女生組	1	A002	1	7	1	5	1	6
	男生組	1	A007	1	10	1	7	1	10
乙班	男女混合	2	A004A006	2	16	2	15	2	12
甲班	女生組	1	A005	1	8	1	10	1	10
	男生組	2	A001A003	2	16	2	18	2	17

班級	組別	學號	第一次	第二次	第三次
丙班	女生組	1	7	5	6
	男生組	1	10	7	10
乙班	男女混合	2	16	15	12
甲班	女生組	1	8	10	10
	男生組	2	16	18	17

程式解析

＊ 第 7 行：輸出工作表資料內容。

＊ 第 8 行：以「班級」及「組別」進行彙總，彙總函數分別為 ["count","sum"]。

＊ 第 9 行：以「班級」及「組別」進行分組，其中學號以計數彙總，第一次、第二次及第三次則以加總函數進行彙。

7-3 以 Python 實作 EXCEL 樞紐分析表

在開始介紹操作步驟前，先附上 pandas.pivot_table 的函數做為參考：

```
pandas.pivot_table(data, values=None, index=None, columns=None, aggfunc='mean',
fill_value=None, margins=False, dropna=True, margins_name='All', observed=False)
```

底下為常用參數的功能說明：

- data：這個參數是利用 pandas 模組來讀取你要作樞紐分析表的 DataFrame

- index：這是不可以省略的參數，這個參數的角色有點像 Excel 樞紐分析表的「列」。

- values：數值，這個參數的角色有點像 Excel 樞紐分析表「值」的欄位，設定 value 來察看特定的數據。

- columns：這個參數的角色有點像 Excel 樞紐分析表的「欄」，去選出想比較的特定欄位。

- aggfunc：這是一個給定彙總函數的參數，是用來指定要呈現值的內建參數，也可以自訂函數。例如要時希望呈現所觀察值的平均及計數，就可以利用 List 串列傳多個彙總函數給 aggfunc，例如 aggfunc=['mean', 'count']

- fill_value：這個參數為選擇性，是用來指定一個特定值可以取代空值 N/A 的欄位。

- margins：這個參數為選擇性，它是一個布林值，如果值為真，就會顯示該欄位的加總，反之，如果值為偽，就不會顯示該欄位的加總。

- margins_name：這個參數為選擇性，它的資料型態是一種字串，用來顯示上面加總欄位的名稱。

- dropna：這個參數為選擇性，它是一個布林值，如果為真值，表示丟棄缺失值。

7-3-1　index 設定單一欄位

這裡要特別說明的重點是，在設定 index 時，可以單純設定一個欄位，也能設定幾個參數，如果一次要設定多個參數，必須以 List 串列的方式呈現，而其輸出結果會以階層式的方式來顯示樞紐分析表的外觀。

	A	B	C	D	E	F
1	學號	班級	組別	第一次	第二次	第三次
2	A001	甲班	男生組	10	9	10
3	A002	丙班	女生組	7	5	6
4	A003	甲班	男生組	6	9	7
5	A004	乙班	男女混合	7	6	5
6	A005	甲班	女生組	8	10	10
7	A006	乙班	男女混合	9	9	7
8	A007	丙班	男生組	10	7	10

範例程式：pivot.py

```
01  import pandas as pd
02  df=pd.read_excel("pivot.xlsx")
03  pd.set_option('display.unicode.ambiguous_as_wide', True)
04  pd.set_option('display.unicode.east_asian_width', True)
05  pd.set_option('display.width', 180) # 設置寬度
06  #原資料庫
07  print(df)
08  print("="*50)
09  print(pd.pivot_table(df,values=" 學號 ",columns=" 組別 ",index=" 班級 ",
10                    aggfunc='count',margins=i))
11  print("="*50)
12  print(pd.pivot_table(df,values=" 學號 ",columns=" 組別 ",index=" 班級 ",
13                    aggfunc='count',margins=True,
14                    fill_value=0,margins_name=" 人數統計 "))
```

	學號	班級	組別	第一次	第二次	第三次
0	A001	甲班	男生組	10	9	10
1	A002	丙班	女生組	7	5	6
2	A003	甲班	男生組	6	9	7
3	A004	乙班	男女混合	7	6	5
4	A005	甲班	女生組	8	10	10
5	A006	乙班	男女混合	9	9	7
6	A007	丙班	男生組	10	7	10

組別	女生組	男女混合	男生組	All
班級				
丙班	1.0	NaN	1.0	2
乙班	NaN	2.0	NaN	2
甲班	1.0	NaN	2.0	3
All	2.0	2.0	3.0	7

組別	女生組	男女混合	男生組	人數統計
班級				
丙班	1	0	1	2
乙班	0	2	0	2
甲班	1	0	2	3
人數統計	2	2	3	7

程式解析

＊ 第 7 行：輸出工作表資料內容。

＊ 第 9~10 行：第一組樞鈕分析表。

＊ 第 12~14 行：第二組樞鈕分析表，其中用指定數值 0 可以取代空值 N/A 的欄位。

7-3-2　index 設定多個欄位

如果一次要設定多個參數，必須以 List 串列的方式呈現，而其輸出結果會以階層式的方式來顯示樞鈕分析表的外觀。

範例檔案：pivot.xlsx

	A	B	C	D	E	F
1	學號	班級	組別	第一次	第二次	第三次
2	A001	甲班	男生組	10	9	10
3	A002	丙班	女生組	7	5	6
4	A003	甲班	男生組	6	9	7
5	A004	乙班	男女混合	7	6	5
6	A005	甲班	女生組	8	10	10
7	A006	乙班	男女混合	9	9	7
8	A007	丙班	男生組	10	7	10

範例程式：pivot1.py

```
01   import pandas as pd
02   df=pd.read_excel("pivot.xlsx")
03   pd.set_option('display.unicode.ambiguous_as_wide', True)
04   pd.set_option('display.unicode.east_asian_width', True)
05   pd.set_option('display.width', 180) # 設置寬度
06   #原資料庫
07   print(df)
08   print("="*50)
09   print(pd.pivot_table(df,values="學號",columns="組別",index=["班級","第一次"],
10                        aggfunc='count',margins=True,
11                        fill_value=0,margins_name="總計"))
12   print("="*50)
13   print(pd.pivot_table(df,values="學號",columns="組別",index=["班級","第一次",
14                        "第二次"],aggfunc='count',margins=True,
15                        fill_value=0,margins_name="總計"))
```

執行結果

```
    學號    班級       組別   第一次   第二次   第三次
0   A001  甲班     男生組     10     9     10
1   A002  丙班     女生組      7     5      6
2   A003  甲班     男生組      6     9      7
3   A004  乙班    男女混合      7     6      5
4   A005  甲班     女生組      8    10     10
5   A006  乙班    男女混合      9     9      7
6   A007  丙班     男生組     10     7     10
==================================================
組別            女生組   男女混合   男生組   總計
班級  第一次
丙班  7           1      0      0     1
    10          0      0      1     1
乙班  7           0      1      0     1
    9           0      1      0     1
甲班  6           0      0      1     1
    8           1      0      0     1
    10          0      0      1     1
總計             2      2      3     7
==================================================
組別                女生組   男女混合   男生組   總計
班級  第一次  第二次
丙班  7     5        1      0      0     1
    10    7        0      0      1     1
乙班  7     6        0      1      0     1
    9     9        0      1      0     1
甲班  6     9        0      0      1     1
    8     10       1      0      0     1
    10    9        0      0      1     1
總計                2      2      3     7
```

程式解析

* 第 7 行：輸出工作表資料內容。

* 第 9~11 行：第一組樞鈕分析表，其中 index=[" 班級 "," 第一次 "]。

* 第 13~15 行：第二組樞鈕分析表，其中 index=[" 班級 "," 第一次 "," 第二次 "]。

7-3-3　設定多個彙總函數

下一個例子則是利用 List 串列傳多個彙總函數給 aggfunc。

範例檔案：pivot.xlsx

	A	B	C	D	E	F
1	學號	班級	組別	第一次	第二次	第三次
2	A001	甲班	男生組	10	9	10
3	A002	丙班	女生組	7	5	6
4	A003	甲班	男生組	6	9	7
5	A004	乙班	男女混合	7	6	5
6	A005	甲班	女生組	8	10	10
7	A006	乙班	男女混合	9	9	7
8	A007	丙班	男生組	10	7	10

範例程式：pivot2.py

```
01  import pandas as pd
02  df=pd.read_excel("pivot.xlsx")
03  pd.set_option('display.unicode.ambiguous_as_wide', True)
04  pd.set_option('display.unicode.east_asian_width', True)
05  pd.set_option('display.width', 180) # 設置寬度
06  #原資料庫
07  print(df)
08  print("="*50)
09  print(pd.pivot_table(df,values=" 第一次 ",columns=" 組別 ",index=" 班級 ",
10                       aggfunc=['count','sum'],margins=True,
11                       fill_value=0,margins_name=" 總計 "))
```

```
    學號  班級      組別   第一次  第二次  第三次
0  A001  甲班    男生組      10      9      10
1  A002  丙班    女生組       7      5       6
2  A003  甲班    男生組       6      9       7
3  A004  乙班   男女混合      7      6       5
4  A005  甲班    女生組       8     10      10
5  A006  乙班   男女混合      9      9       7
6  A007  丙班    男生組      10      7      10
========================================================
            count                    sum
組別  女生組  男女混合  男生組  總計  女生組  男女混合  男生組  總計
班級
丙班     1      0      1     2     7      0     10    17
乙班     0      2      0     2     0     16      0    16
甲班     1      0      2     3     8      0     16    24
總計     2      2      3     7    15     16     26    57
```

程式解析

* 第 7 行：輸出工作表資料內容。

* 第 9~11 行：利用 List 串列傳多個彙總函數給 aggfunc。

我們也可以利用字典針對不同的值對應一個不同的計算類型函數，例如：

```
pd.pivot_table(df,values=[" 學號 "," 第一次 "],columns=" 組別 ",index=" 班級 ",
                aggfunc={" 學號 ":"count"," 第一次 ":"sum"},margins=True,
                fill_value=0,margins_name=" 總計 "))
```

相關的程式碼及範例執行結果如下：

範例檔案：pivot.xlsx

	A	B	C	D	E	F
1	學號	班級	組別	第一次	第二次	第三次
2	A001	甲班	男生組	10	9	10
3	A002	丙班	女生組	7	5	6
4	A003	甲班	男生組	6	9	7
5	A004	乙班	男女混合	7	6	5
6	A005	甲班	女生組	8	10	10
7	A006	乙班	男女混合	9	9	7
8	A007	丙班	男生組	10	7	10

```
01  import pandas as pd
02  df=pd.read_excel("pivot.xlsx")
03  pd.set_option('display.unicode.ambiguous_as_wide', True)
04  pd.set_option('display.unicode.east_asian_width', True)
05  pd.set_option('display.width', 180) # 設置寬度
06  #原資料庫
07  print(df)
08  print("="*50)
09  print(pd.pivot_table(df,values=["學號","第一次"],columns="組別",index="班級",
10                       aggfunc={"學號":"count","第一次":"sum"},margins=True,
11                       fill_value=0,margins_name="總計"))
```

執行結果

```
     學號    班級      組別    第一次    第二次    第三次
0   A001   甲班    男生組      10      9     10
1   A002   丙班    女生組       7      5      6
2   A003   甲班    男生組       6      9      7
3   A004   乙班    男女混合      7      6      5
4   A005   甲班    女生組       8     10     10
5   A006   乙班    男女混合      9      9      7
6   A007   丙班    男生組      10      7     10
==================================================
        學號                              第一次
組別    女生組  男女混合  男生組  總計   女生組  男女混合  男生組  總計
班級
丙班      1     0     1    2     7     0    10   17
乙班      0     2     0    2     0    16     0   16
甲班      1     0     2    3     8     0    16   24
總計      2     2     3    7    15    16    26   57
```

程式解析

＊ 第 7 行：輸出工作表資料內容。

＊ 第 9~11 行：建立樞鈕分析表並利用字典針對不同的值對應一個不同的計算類型函數。

　　總而言之，在實作樞鈕分析表的當下，第一次操作設定這些函數或許不是很熟悉他們所代表的意義，建議各位能以實際傳入要實作樞鈕分析表的 DataFrame，並不斷地嘗試修改或比較不同的 index、columns 和 values 之間對輸

出結果所產生的差異，並試著設定不同的 aggfunc 的彙總函數，以期所產出的樞紐分析表的統計數據符合自己所期待的外觀，相信只要各位多變換不同參數加以嘗試，一定可以將樞紐分析表的各種實作表格外觀的掌握力更強，將來操作 pandas.pivot_table 函數一定更加可以駕輕就熟。

當各位透過各種實作的參數變化取得自己所需的樞紐分析表的統計數據，但為了以後更加方便分析資料或進一步作各種不同的資料處理或萃取的動作，這個情況下建議可以考慮利用 reset_index() 函數來將索引進行重置的動作。底下例子是將上面的樞紐分析表的輸出結果以 reset_index() 函數來將索引進行重置，其程式碼及最後的輸出結果如下所示：

範例檔案：pivot.xlsx

	A	B	C	D	E	F
1	學號	班級	組別	第一次	第二次	第三次
2	A001	甲班	男生組	10	9	10
3	A002	丙班	女生組	7	5	6
4	A003	甲班	男生組	6	9	7
5	A004	乙班	男女混合	7	6	5
6	A005	甲班	女生組	8	10	10
7	A006	乙班	男女混合	9	9	7
8	A007	丙班	男生組	10	7	10

範例程式：pivot4.py

```
01   import pandas as pd
02   df=pd.read_excel("pivot.xlsx")
03   pd.set_option('display.unicode.ambiguous_as_wide', True)
04   pd.set_option('display.unicode.east_asian_width', True)
05   pd.set_option('display.width', 180) # 設置寬度
06   #原資料庫
07   print(df)
08   print("="*50)
09   print(pd.pivot_table(df,values=["學號","第一次"],columns="組別",index="班級",
10                        aggfunc={"學號":"count","第一次":"sum"},margins=True,
11                        fill_value=0,margins_name="總計").reset_index())
```

```
   學號   班級    組別    第一次  第二次  第三次
0  A001  甲班   男生組     10     9     10
1  A002  丙班   女生組      7     5      6
2  A003  甲班   男生組      6     9      7
3  A004  乙班   男女混合    7     6      5
4  A005  甲班   女生組      8    10     10
5  A006  乙班   男女混合    9     9      7
6  A007  丙班   男生組     10     7     10
```

組別	班級	學號				第一次			
		女生組	男女混合	男生組	總計	女生組	男女混合	男生組	總計
0	丙班	1	0	1	2	7	0	10	17
1	乙班	0	2	0	2	0	16	0	16
2	甲班	1	0	2	3	8	0	16	24
3	總計	2	2	3	7	15	16	26	57

* 第7行：輸出工作表資料內容。

* 第9~11行：將樞紐分析表的輸出結果以reset_index()函數來將索引進行重置。

視覺化統計圖表繪製

▼　▼　▼

Python 在資料分析的領域表現優秀，可以輕鬆將資料以各種視覺化圖表的形式展現給管理者做決策之用，為了讓數據可以結合圖表來加以呈現，幫助使用者更容易解讀資料背後的意義，因此 Python 也提供matplotlib 模組，它是一個強大的資料視覺化 2D 繪圖程式庫，只需要幾行程式碼就能輕鬆產生各式圖表，例如直條圖、折線圖、圓餅圖、散點圖等應有盡有，本章將示範如何將資料透過幾行簡短的程式就可以輕鬆轉換圖表。

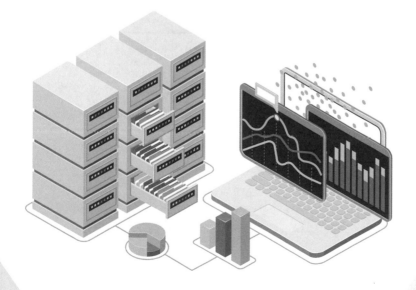

視覺化 matplotlib 模組提供許多視覺效果的元件，在產生視覺化圖表的過程中，但如果只是將資料表內容轉換成圖表視覺元件，不一定符合各位的需求，因此有必要進一步了各圖表的組成元件，並知道如何這些產生這些圖表元件的相關呈現技巧，才可以讓所產生的視覺效果符合自身的期待或提升商業分析的價值。

matplotlib 套件是 Python 相當受歡迎的繪圖程式庫（Plottinglibrary），包含大量的模組，利用用這些模組就能建立各種統計圖表。matplotlib 套件能製作的圖表非常多種，本章將針對對常用圖表做介紹，如果各位有興趣查看更多的圖表範例，可以連上官網的範例程式頁面，參考所有圖表範例的外觀。（網址：https://matplotlib.org/gallery/index.html）頁面根據圖形種類清楚分類，而且每個分類有圖表縮圖。

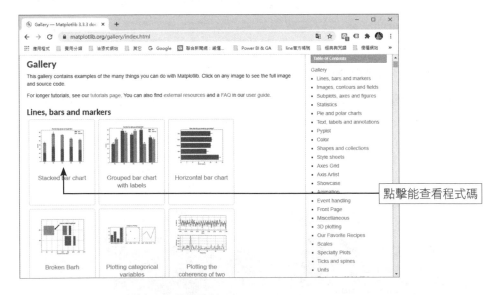

想要製作哪一種圖表，只要點擊圖形就可以看到該圖表的簡介及程式碼

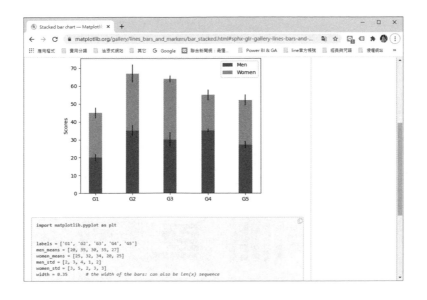

　　例如上圖的圖表範例的程式碼，在下方會完整列出，只要如下簡單幾行程式碼就可輕易繪製出如上的圖表外觀：

```
01  import matplotlib.pyplot as plt
02
03
04  labels = ['G1', 'G2', 'G3', 'G4', 'G5']
05  men_means = [20, 35, 30, 35, 27]
06  women_means = [25, 32, 34, 20, 25]
07  men_std = [2, 3, 4, 1, 2]
08  women_std = [3, 5, 2, 3, 3]
09  width = 0.35       # the width of the bars: can also be len(x) sequence
10
11  fig, ax = plt.subplots()
12
13  ax.bar(labels, men_means, width, yerr=men_std, label='Men')
14  ax.bar(labels, women_means, width, yerr=women_std, bottom=men_means,
15        label='Women')
16
17  ax.set_ylabel('Scores')
18  ax.set_title('Scores by group and gender')
```

```
19  ax.legend()
20
21  plt.show()
```

　　底下列出幾個 Gallery 各種分類的精美且多樣化的統計圖表，想要查看更多精彩的圖表範例，可以參考官方網站：

◉ Lines, bars and markers

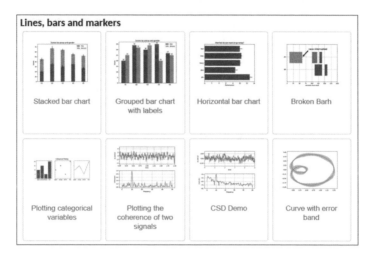

◉ Images, contours and fields

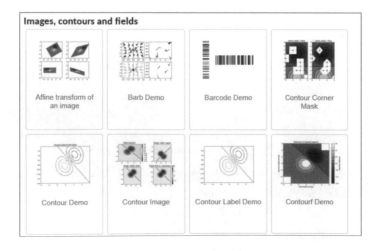

◉ Statistics

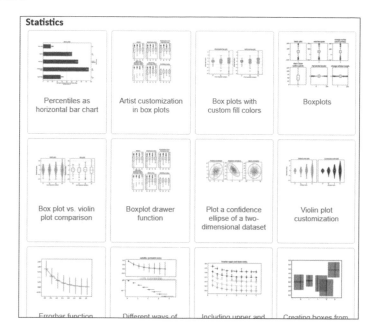

◉ Shapes and collections

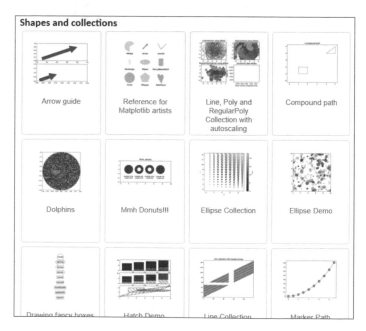

8-2 圖表組成元件

在資料分析的過程中我們可以將資料轉換成視覺效果的圖表元件，我們有必要在學會如何利用 Python 的 matplotlib 模組繪製圖表並進行資料分析工作之前，先認識各種圖表元件的組成。在此將以直條圖為例，為各位介紹視覺圖表中有哪些組成元件，說明如下：

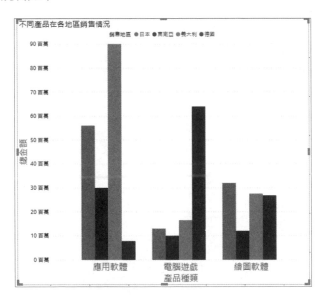

- **標題**：圖表的主題名稱。
- **繪圖區**：顯示圖表內容的所在處。
- **背景**：區表的背景色彩及透明度的指定。
- **圖例**：用不同圖案或色彩來代表相關數列的。
- **資料標籤**：可以顯示資料數列的值。
- **X 座標軸標題**：可以指定 X 座標軸所代表的名稱。
- **X 座標軸標籤**：在 X 軸方向顯示文字及數值刻度。
- **Y 座標軸標題**：可以指定 Y 座標軸所代表的名稱。
- **Y 座標軸標籤**：在 Y 軸方向顯示文字及數值刻度。

8-3 安裝 matplotlib 模組

　　matplotlib 可以繪製各式的圖表，首先我們以最常用的折線圖來說明 matplotlib 基本繪圖的方法。matplotlib 模組常與 numpy 套件一起使用，安裝這兩個套件最簡單的方式就是安裝 Anaconda 套件包，通常安裝好 Anaconda 之後常用的套件會一併安裝，也包含 matplotlib 以及 numpy 套件，您可以使用 pip list 或 conda list 指令查詢安裝的版本。以 pip list 為例，會得到類似如下的畫面可以看到各種模組的版本訊息：

```
Package          Version
---------------  -------
colorama         0.4.4
cycler           0.10.0
kiwisolver       1.3.1
numpy            1.19.4
Pillow           8.0.1
pip              20.3.1
pyparsing        2.4.7
python-dateutil  2.8.1
qrcode           6.1
setuptools       49.2.1
six              1.15.0
```

　　如果要安裝 numpy 套件可以直接下達底下指令。

```
pip install numpy
```

　　如果列表裡沒有 matplotlib 套件，根據官網的安裝說明，請執行下列指令完成安裝。

```
python -m pip install -U pip
python -m pip install -U matplotlib
```

8-4 長條圖 / 橫條圖

所有統計圖表中，長條圖（bar chart）算是較常使用的圖表，長條圖一種以視覺化長方形的長度為變量的統計圖表。而長條圖容易看出數據的大小，經常拿來比較數據之間的差異，這一節就來看看長條圖的繪製方法。長條圖亦可橫向排列，或用多維方式表達。除了折線圖外，長條圖也是一種較常被使用統計圖表，因此長條圖常用來表示不連續資料，例如成績、人數或業績的比較，或是各地區域降雨量的比較都非常適合用長條圖的方式來呈現。

8-4-1 垂直長條圖

長條圖又稱為條狀圖、柱狀圖，繪製方式與折線圖大同小異，只要將 plot() 改為 bar()，底下我們用下表來練習。

第1學期	第2學期	第3學期	第4學期	第5學期	第6學期	第7學期	第8學期
95.3	94.2	91.4	96.2	92.3	93.6	89.4	91.2

▲ 大學四年各學期的平均分數

範例程式：[barChart.py] 大學四年各學期的平均分數直條圖

```
01  # -*- coding: utf-8 -*-
02
03  import matplotlib.pyplot as plt
04
05  plt.rcParams['font.sans-serif'] ='Microsoft JhengHei'
06
07  x = ['第1學期', '第2學期', '第3學期', '第4學期','第5學期', '第6學期', '第7學期',
      '第8學期']
08  s = [95.3, 94.2,91.4,96.2,92.3, 93.6,89.4,91.2]
09  plt.bar(x, s)
10  plt.ylabel('平均分數')
```

```
11  plt.title('大學四年各學期的平均分數')
12  plt.show()
```

執行結果

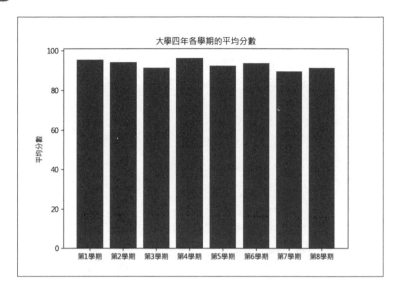

Matplotlib 的 bar 語法如下：

```
plt.bar(x, height[, width][, bottom][, align][,**kwargs])
```

參數說明如下：

- x：x 軸的數列資料

- height：y 軸的數列資料

- width：長條的寬度（預設值：0.8）

- bottom：y 座標底部起始值（預設值：0）

- align：長條的對應位置，可選擇 center 與 edge 兩種

  'center'：將長條的中心置於 x 軸位置的中心位置。

  'edge'：長條的左邊緣與 x 軸位置對齊。

- **kwargs：設定屬性，常用屬性如下表。

屬性	縮寫	說明
color		長條顏色
edgecolor	ec	長條邊框顏色
linewidth	lw	長條邊框寬度

例如下式執行之後會得到下方長條圖：

plt.bar（x, s,width=0.5, align='edge', color='y', ec='b',lw=2）

執行結果

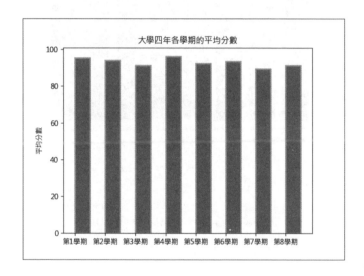

8-4-2　橫條圖

橫條圖是水平方向的長條圖，語法與 bar() 大致，差別在於 width 是定義數值而 height 是設定橫條圖的粗細，圖表的起始值從底部（bottom）改為左邊改為（left），語法如下所示：

```
plt.barh(y, width[, height][, left][, align='center'][, **kwargs])
```

前一小節的垂直長條圖範例 barChart.py 改為橫條圖，只要將 bar() 改為 barh()。

範例程式：[barhChart.py] 大學四年各學期的平均分數橫條圖

```
01  # -*- coding: utf-8 -*-

02

03  import matplotlib.pyplot as plt

04

05  plt.rcParams['font.sans-serif'] ='Microsoft JhengHei'

06

07  x = ['第1學期', '第2學期', '第3學期', '第4學期','第5學期', '第6學期', '第7學期',
    '第8學期']

08  s = [95.3, 94.2,91.4,96.2,92.3, 93.6,89.4,91.2]

09  plt.barh(x, s)

10  plt.ylabel('平均分數')

11  plt.title('大學四年各學期的平均分數')

12  plt.show()
```

執行結果

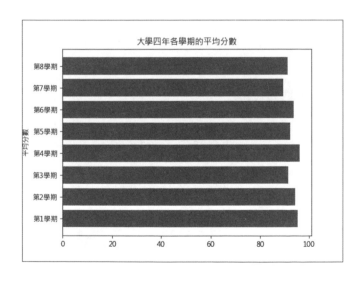

　　如果使用中文，資料數列有負值時，必須加上將 axes.unicode_minus 屬性設為 False，請參考底下範例。

範例程式：[barhCharMinus.py] 今年度營業獲利的概況

```
01  # -*- coding: utf-8 -*-
02
03  import matplotlib.pyplot as plt
04
05  plt.rcParams['font.sans-serif'] ='Microsoft JhengHei'
06  plt.rcParams['axes.unicode_minus']=False
07
08  x = ['第一季', '第二季', '第三季', '第四季']
09  s = [20000,15000,17000, -8000]
10  plt.barh(x, s,color='red')
11  plt.ylabel('季別')
12  plt.xlabel('損益金額')
13  plt.title('今年度營業獲利的概況')
14  plt.show()
```

執行結果

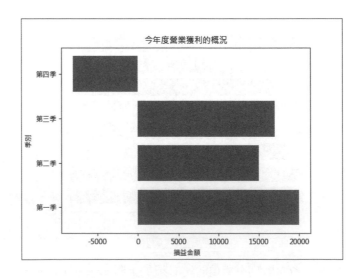

8-4-3　以長條圖並排比較數據

　　前面繪製折線圖時可以將兩條折線繪製在同一個圖表，長條圖也可以把兩個
數據放在一起比較，我們來看看如何操作。

範例程式：[barCharDouble.py] 大學四年各學期平均成績比較表

```
01  # -*- coding: utf-8 -*-
02
03  import matplotlib.pyplot as plt
04  import numpy as np
05  plt.rcParams['font.sans-serif'] ='Microsoft JhengHei'
06
07  x=['上學期', '下學期']
08  s1,s2,s3,s4 = [13.2, 20.1], [11.9, 14.2], [15.1, 22.5], [15, 10]
09
10  index = np.arange(len(x))
11  width=0.15
12  plt.bar(index - 1.5*width, s1, width, color='b')
13  plt.bar(index - 0.5*width, s2, width, color='r')
14  plt.bar(index + 0.5*width, s3, width, color='y')
15  plt.bar(index + 1.5*width, s4, width, color='g')
16
17  plt.xticks(index, x)
18  plt.legend(['2017 年','2018 年','2019 年','2020 年'])
19
20  plt.ylabel('平均分數 , 取到小數點第一位 ')
21  plt.title('大學四年各學期平均成績比較表')
22  plt.show()
```

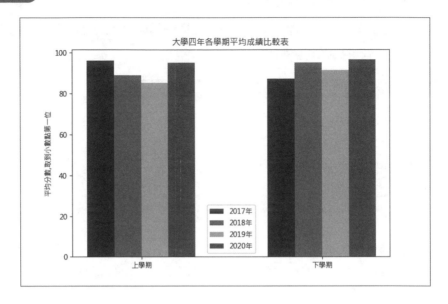

範例中指令的兩組數列，分別是 s1 與 s2，利用 numpy 的 arange() 方法取得 x 軸位置，arange() 就類似 Python 的 range()，只是 arange() 回傳的是 array；range() 返回的是 list。arange() 語法如下：

```
np.arange([start,]stop[,step][,dtype])
```

參數說明如下：

- start：數列的起始值，省略表示從 0 開始
- stop：數列的結束值
- step：間距，省略則 step=1
- dtype：輸出的數列類型，例如 int、float、object，不指定會自動由輸入的值判斷類型

arange() 返回的是 ndarray，值是半開區間，包括起始值，但不包括結束值，底下舉 4 種用法以及其回傳的 array。

```
index = np.arange(3.0)  # index =[0. 1. 2.]
index = np.arange(5)  #index =[0 1 2 3 4]
```

超高效！Python×Excel 資料分析自動化：輕鬆打造你的完美工作法！

```
index = np.arange(1,10,2)    #index =[1 3 5 7 9]
index = np.arange(1,9,2)     #index =[1 3 5 7]
```

　　範例 np.arange(len(x)) 中的 len(x) 是取得 x 的個數，也就相當於 np.arange(4)，因此會得到陣列 [0 1 2 3]，這 4 個值就是 x 軸座標位置，變數 width 定義長條的寬度為 0.15，s1 往左移長條寬一半的距離（width/2），s2 往右移長條寬度一半的距離就能將 s1 與 s2 數列同時呈現在一個圖表內。

8-5　直方圖

　　在上一節學會了如何繪製長條圖，展現不同類別數據的比較，在統計學中，直方圖是一種對數據分布情況的圖形表示，這一節我們就來學習如何繪製直方圖（histogram）。

8-5-1　直方圖與長條圖差異

　　底下兩張圖表，左邊是長條圖（bar chart），右邊是直方圖（histogram），看起來很類似，實際上是不相同的圖表，先來看看兩者的差異。

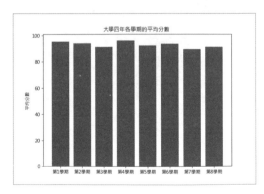

▲ 長條圖

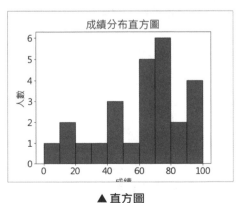

▲ 直方圖

◉ 長條圖（bar chart）

x 軸是放置「類別變量」，用來比較不同類別資料的差異，因為數據彼此沒有關係，因此長條之間通常會保留空隙不會相連在一起。例如下列資料適合使用長條圖：

- **好感度調查**：以調查對象為類別

- **各學期的平均成績**：以學期為類別

- **每季的下雨量**：以季為類別

◉ 直方圖（histogram）

x 軸是放置「連續變量」，用來呈現連續資料的分佈狀況，因為數據有連續關係，通常長條之間會相連在一起。例如：

- **人口分布**：以成績區間為類別（0~9、10~19、20~29…、90~100）

- **年齡分布**：以年齡區間為類別（0~9、10~19、20~29…、90~100）

接下來，我們就實際來繪製直方圖。

8-5-2　繪製直方圖

繪製直方圖的函數是 hist()，語法如下：

```
n, bins, patches = plt.hist(x, bins, range, density, weights, **kwargs)
```

hist() 的參數很多，除了 x 之外，其它都可以省略，底下僅列出常用的參數來說明，詳細參數請參考 matplotlib API（網址：https://matplotlib.org/api/）。

- x：要計算直方圖的變量

- bins：組距，預設值為 10

- range：設定分組的最大值與最小值範圍，格式為 tuple，用來忽略較低和較高的異常值，預設為（x.min(), x.max()）

- density：呈現概率密度，直方圖的面積總和為 1，值為布林（True/False）

- weights：設定每一個數據的權重

- **kwargs：顏色及線條等樣式屬性

  plt.hist() 的回傳值有 3 個：

- n：直方圖的值

- bins：組距

- patches：每個 bin 裡面包含的數據列表（list）

譬如底下數列是班上 25 位同學的英文成績，我們可以透過直方圖看出成績分布狀況。

```
grade = [90,72,45,18,13,81,65,68,73,84,75,79,58,78,96,100,98,64,43,2,63,71,27,35,45,
65]
```

透過範例直接來實作直方圖。

範例程式：[hist.py] 直方圖實作

```
01  # -*- coding: utf-8 -*-
02
03  import matplotlib.pyplot as plt
04
05  plt.rcParams['font.sans-serif'] ='Microsoft JhengHei'
06  plt.rcParams['font.size']=18
07
08  grade = [90,72,45,18,13,81,65,68,73,84,75,79,58,78,96,100,98,64,43,2,63,71,27,
    35,45,65]
09
10  plt.hist(grade, bins = [0,10,20,30,40,50,60,70,80,90,100],edgecolor = 'b')
11  plt.title('全班成績直方圖分布圖')
12  plt.xlabel('考試分數')
13  plt.ylabel('人數統計')
14  plt.show()
```

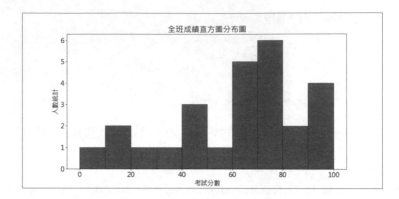

如果想要在圖上顯示數值，可以善用這兩個回傳值，請看底下範例。

範例程式：[hist01.py] 英文成績分布直方圖顯示數值

```
01  # -*- coding: utf-8 -*-
02
03  import matplotlib.pyplot as plt
04
05  plt.rcParams['font.sans-serif'] ='Microsoft JhengHei'
06  plt.rcParams['axes.unicode_minus']=False
07  plt.rcParams['font.size']=15
08
09  grade = [90,72,45,18,13,81,65,68,73,84,75,79,58,78,96,100,98,64,43,2,63,71,27,35,
    45,65]
10
11  n, b, p=plt.hist(grade, bins = [0,10,20,30,40,50,60,70,80,90,100], edgecolor = 'r')
12
13  for i in range(len(n)):
14      plt.text(b[i]+10, n[i], int(n[i]), ha='center', va='bottom', fontsize=12)
15
16  plt.title('全班成績直方圖分布圖 ')
17  plt.xlabel(' 考試分數 ')
18  plt.ylabel(' 人數統計 ')
19  plt.show()
```

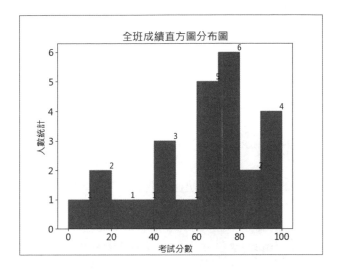

plt.text() 方法可以在圖上加上文字，用法如下：

```
plt.text(x, y, s[, fontdict][, withdash][, **kwargs])
```

參數說明如下：

- x, y：文字放置的座標位置

- s：顯示的文字

- fontdict：修改文字屬性，例如：

  ■ bbox=dict（facecolor='red', alpha=0.5） #設定文字邊框

  ■ horizontalalignment='center' #設定水平對齊方式，可簡寫 ha，值有 'center'、'right'、'left'

  ■ verticalalignment='top' #設定垂直對齊方式，可簡寫 va，值有 'center'、'top'、'bottom'、'baseline'

- withdash：建立的是 TextWithDash 實體而不是 Text 實體，值是布林（True/False），預設為 False

8-6 折線圖

折線圖（line chart）是使用 matplotlib 的 pyplot 模組，使用前必須先匯入，由於 pyplot 物件經常會使用到，我們可以建立別名方便取用。例如底下指令：

```
import matplotlib.pyplot as plt
```

pyplot 模組繪製基本的圖形非常快速而且簡單，使用步驟與語法如下：

1. 設定 x 軸與 y 軸要放置的資料串列：plt.plot(x,y)
2. 設定圖表參數：例如 x 軸標籤名稱 plt.xlabel()、y 軸標籤名稱 plt.ylabel()、圖表標題 plt.title()
3. 輸出圖表：plt.show()

底下範例就以兼職工作的收入資料來繪製最基本的折線圖：

範例程式：[line01.py] 繪製各月的兼職工作的收入資料折線圖

```
01  # -*- coding: utf-8 -*-
02
03  import matplotlib.pyplot as plt
04
05  x=[1,2,3,4,5,6,7,8,9,10,11,12]
06  y=[16800,20000,21600,25400,12800,20000,25000,14600,32800,25400,18000,10600]
07  plt.plot(x, y, marker='.')
08  plt.xlabel('month')
09  plt.ylabel('salary income')
10  plt.title('the income for each month')
11  plt.show()
```

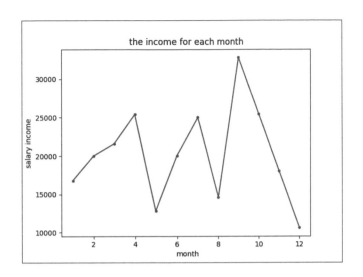

程式使用了 plt 的 plot 方法來繪圖，語法如下：

```
plt.plot([x], y, [fmt])
```

參數 x 與 y 是座標串列，x 與 y 的元素個數要相同才能夠繪製圖形，x 可省略，如果省略的話，Python 會自己加入從 0 開始的串列來對應（ [0, 1, 2, ..., n1] ）。

參數 fmt 是用來定義格式，例如標記樣式、線條樣式等等，可省略（預設是藍色實線）。範例中 x 軸為月份，y 軸為溫度，xlabel()、ylabel() 是用來設定標籤名稱，title() 則是圖表標題，最後呼叫 show 方法繪出圖表。

瞭解 matplotlib 基本的用法之後，底下章節會再進一步介紹 matplotlib 常用的幾種圖表，在這之前，先來介紹如何改變圖表的線條寬度、顏色以及為樣本加上標記圖示。使用 Matplotlib 模組圖表繪製的過程中經常會需要設定 color（顏色）、linestyle（線條）與 marker（標記圖示）這三種屬性，Matplotlib 貼心地提供幾種快速設定的方式可以使用，底下就來介紹這些屬性的設定方式。

8-6-1　色彩指定的方式

Matplotlib 指定色彩的方法有好幾種，不管是使用色彩的英文全名、HEX（十六進位碼）、RGB 或 RGBA 都可以，Matplotlib 也針對 8 種常用顏色提供單字縮寫方便快速取用，下表整理 8 種常用顏色的各種表示法，供讀者參考。

顏色	英文全名	顏色縮寫	RGB	RGBA	HEX
黑色	black	k	（0,0,0）	（0,0,0,1）	#000000
白色	white	w	（1,1,1）	（1,1,1,1）	#FFFFFF
藍色	blue	b	（0,0,1）	（0,0,1,1）	#0000FF
綠色	green	g	（0,1,0）	（0,1,0,1）	#00FF00
紅色	red	r	（1,0,0）	（1,0,0,1）	#FF0000
藍綠色	cyan	c	（0,1,1）	（0,1,1,1）	#00FFFF
洋紅色	magenta	m	（1,0,1）	（1,0,1,1）	#FF00FF
黃色	yellow	y	（1,1,0）	（1,1,0,1）	#FFFF00

舉例來說，前面的範例 lineChart.py 想把圖形的線條顏色改為紅色，可以如下表示：

```
plt.plot(x,y,color='r')  #顏色縮寫
plt.plot(x,y,color=(1,0,0))  #RGB
plt.plot(x,y,color='#FF0000')  #HEX
plt.plot(x,y,color='red')  #英文全名
```

color 屬性也可以直接使用 0~1 的浮點數指定灰度級別，例如：

```
plt.plot (x,y,color='0.5')
```

8-6-2　設定線條寬度與樣式

linewidth 屬性是用來設定線條寬度，可縮寫為 lw，值為浮點數，預設值為 1，舉例來說，想要將線條寬度設為 5，可以如下表示：

```
plt.plot(x, y,lw=5)
```

linestyle 屬性是用來設定線條的樣式，可以簡寫為 ls，預設為實線，可以指定符號或是書寫樣式全名，常用的樣式請參考下表。

線條樣式	符號	全名	圖形
實線	-	solid	————————————————
虛線	--	dashed	- - - - - - - - - - - - - - - - - -
虛點線	-.	dashdot	-·-·-·-·-·-·-·-·-·-·
點線	:	dotted	····················

舉例來說，想要將線條樣式設為虛線，可以如下表示：

```
plt.plot(x, y,ls='--')
```

8-6-3　設定標記樣式

marker 屬性是用來設定標記樣式，常用的圖示請參考下表。

符號	標記圖示	說明
.	●	小圓
o	●	圓形（小寫英文字母 o）
v	▼	倒三角
^	▲	三角形
<	◀	左三角
>	▶	右三角
8	●	八角形

符號	標記圖示	說明
s	■	方形
*	★	星形
x	✕	X 字
X	✖	填色 X
D	◆	菱形
d	◆	菱形
|	|	垂直線
0	—	左刻度
1	—	右刻度
2	|	上刻度
3	|	下刻度

舉例來說，想要設定樣本標記圖樣為圓形，可以如下表示：

```
plt.plot(x, y, marker='o')
```

標記的顏色及尺寸可以由下列屬性設定：

屬性	縮寫	說明
markerfacecolor	mfc	標記顏色
markersize	ms	標記尺寸，值為浮點數
markeredgecolor	mec	標記框線顏色
markeredgewidth	mew	標記框線寬度

超高效！Python×Excel資料分析自動化：輕鬆打造你的完美工作法！

例如想要將標記設為圓形，尺寸為 10 點，顏色設定為紅色、框線為藍色，可以如下設定：

```
plt.plot(x, y, marker='d',ms=10, mfc='r', mec='b')
```

執行之後結果會如下圖。

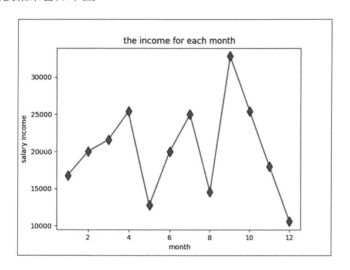

8-7 圓形圖

圓形圖（又稱為餅圖或派圖，pie chart）是一個劃分為幾個扇形的圓形統計圖表，能夠清楚顯示各類別數量相對於整體所佔的比重，在圓形圖中，每個扇區的弧長大小為其所表示的數量的比例，這些扇區合在一起剛好是一個完全的圓形。經常使用於商業統計圖表，譬如各業務單位的銷售額、各種選舉的實際得票數等等，稍後將介紹圓形圖的製作方式。圓形圖是以每個扇形區相對於整個圓形的大小或百分比來繪製，使用的是 matplotlib 的 pie 函數，語法如下：

```
plt.pie(x, explode, labels, colors, autopct, pctdistance, shadow, labeldistance,
startangle, radius, counterclock, wedgeprops, textprops, center, frame,rotatelabels)
```

除了 x 之外，其他參數都可省略，參數說明如下：

- x：繪圖的數組。

- explode：設定個別扇形區偏移的距離，用意是凸顯某一塊扇形區，值是與 x 元素個數相同的數組。

- labels：圖例標籤。

- colors：指定餅圖的填滿顏色。

- autopct：顯示比率標記，標記可以是字串或函數，字串格式是 %，例如：%d（整數）、%f（浮點數），預設值是無（None）。

- pctdistance：設置比率標記與圓心的距離，預設值是 0.6。

- shadow：是否添加餅圖的陰影效果，值為布林（True/False），預設值 False。

- labeldistance：指定各扇形圖例與圓心的距離，值為浮點數，預設值 1.1。

- startangle：設置餅圖的起始角度。

- radius：指定半徑。

- counterclock：指定餅圖呈現方式逆時針或順時針，值為布林（True/False），預設為 True。

- wedgeprops：指定餅圖邊界的屬性。

- textprops：指定餅圖文字屬性。

- center：指定中心點位置，預設為（0,0）。

- frame：是否要顯示餅圖的圖框，值為布林（True/False），預設為 False。

- rotatelabels：標籤文字是否要隨著扇形轉向，值為布林（True/False），預設為 False。

假設雲端科技公司做了員工旅遊地點的問卷調查，調查結果如下表：

項目	人數
高雄	26
花蓮	12
台中	21

項目	人數
澎湖	25
宜蘭	35

我們來看看要如何將這個調查結果以圓餅圖來呈現。

範例程式：[pie.py] 滿意度調查圓餅圖

```
01  # -*- coding: utf-8 -*-
02
03  import matplotlib.pyplot as plt
04
05  plt.rcParams['font.sans-serif'] ='Microsoft JhengHei'
06  plt.rcParams['font.size']=12
07
08  x = [26,12,21,25,35]
09  labels = '高雄','花蓮','台中','澎湖','宜蘭'
10  explode = (0.2, 0, 0, 0,0)
11  plt.pie(x,labels=labels, explode=explode, autopct='%.1f%%',
12          shadow=True)
13
14  plt.show()
```

執行結果

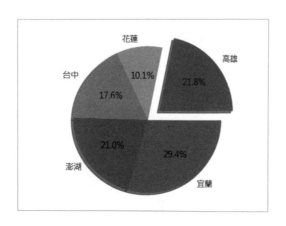

從圓餅圖就能清楚看出每個項目的相對比例關係，範例中為了凸顯「高雄」這個項目，所以加了 explode 參數，將第一個項目設為偏移 0.2 的距離。autopct 參數是設定每一個扇形顯示的文字標籤格式，這裡參數值是如下表示：

```
'%.1f%%'
```

　　前面的「%.1f」指定小數點 1 位的浮點數，因為 % 是關鍵字，不能直接使用，必須使用「%%」才能輸出百分比符號。

8-8　以子圖方式呈現多圖

　　介紹了這麼多種圖形，如果想放在一起顯示可以嗎？本單元將示範如何利用子圖功能將多種圖形組合在一起顯示。在資料呈現上，長條圖可以看出趨勢、圖形圖可以快速的看出數值佔比，老闆總是希望能夠一張圖表就看到長條圖、圓形圖，讓資料能更即時，更快掌握狀況。這時候就可以利用 matplotlib 的 subplot（子圖）功能來製作。subplot 可以將多個子圖顯示在一個視窗（figure），先來看看subplot 基本用法。

```
plt.subplot(rows,cols,n)
```

　　參數 rows、cols 是設定如何分割視窗，n 則是繪圖在哪一區，逗號可以不寫，參數說明如下（請參考下圖對照）：

- **rows,cols**：將視窗分成 cols 行 rows 列，例如下圖為 plt.subplot(3,4, n)。
- **n**：圖形放在哪一個區域

n=1	n=2	n=3	n=4
n=5	n=6	n=7	n=8
n=9	n=10	n=11	n=12

例如 rows=2，cols=3，如果圖形想放置在 n=1 區塊，可以使用下列兩種寫法。

```
plt.subplot(2, 3, 1) 或 plt.subplot(231)
```

subplot 會回傳 AxesSubplot 物件，如果想要使用程式來刪除或添加圖形，可以利用下列指令：

```
ax=plt.subplot(2,3,1)   #ax 是 AxesSubplot 物件
plt.delaxes(ax)   # 從 figure 刪除 ax
plt.subplot(ax)   #將 ax 再次加入 figure
```

接下來，我們將前面所繪製過的圖形分別放在 4 個子圖，請跟著範例練習看看。

範例程式：[subplot.py] 建立子圖

```
01  # -*- coding: utf-8 -*-
02
03  import matplotlib.pyplot as plt
04
05  plt.rcParams['font.sans-serif'] ='Microsoft JhengHei'
06  plt.rcParams['font.size']=12
07
08  #折線圖
09  def lineChart(s,x):
10  plt.xlabel('城市名稱')
11  plt.ylabel('民調原分比')
12  plt.title('各種城市喜好度比較')
13  plt.plot(x, s, marker='.')
14
15  #長條圖
16  def barChart(s,x):
17  plt.xlabel('城市名稱')
18  plt.ylabel('民調原分比')
19  plt.title('各種城市喜好度比較')
20  plt.bar(x, s)
```

```
21
22   # 橫條圖
23   def barhChart(s,x):
24   plt.barh(x, s)
25
26   # 圓餅圖
27   def pieChart(s,x):
28   plt.pie(s,labels=x, autopct='%.2f%%')
29
30   # 要繪圖的數據
31   x = ['第一季', '第二季', '第三季', '第四季']
32   s = [13.2, 20.1, 11.9, 14.2]
33
34   # 定義子圖
35   plt.figure(1, figsize=(8, 6),clear=True)
36   plt.subplots_adjust(left=0.1, right=0.95)
37
38   plt.subplot(2,2,1)
39   pieChart(s,x)
40
41   x = ['程式設計概論', '多媒體概論', '計算機概論', '網路概論']
42   s = [3560, 4000, 4356, 1800]
43   plt.subplot(2,2,2)
44   barhChart(s,x)
45
46   x = ['新北市', '台北市', '高雄市', '台南市','桃園市','台中市']
47   s = [0.2, 0.3, 0.15, 0.23,0.19, 0.27]
48   plt.subplot(223)
49   lineChart(s,x)
50
51   plt.subplot(224)
52   barChart(s,x)
53
54   plt.show()
```

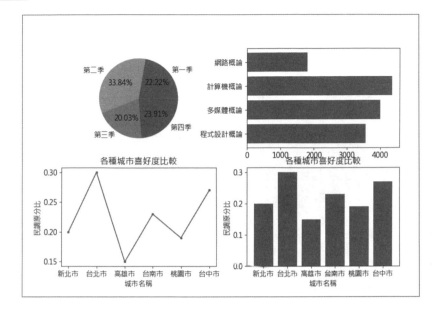

程式 35 行定義了 Figure 視窗的大小，figsize 值是 tuple，定義寬跟高（width, height），預設值為（6.4, 4.8）。程式 36 行是調整子圖與 figure 視窗邊框的距離，subplots_adjust 的用法如下：

```
subplots_adjust(left, bottom, right, top, wspace, hspace)
```

參數 left、bottom、right、top 是控制子圖與 figure 視窗的距離，預設值為 left =0.125、right=0.9、bottom=0.1、top = 0.9，wspace 和 hspace 用來控制子圖之間寬度和高度的百分比，預設是 0.2。

8-9　綜合演練─以 matplotlib.pyplot 繪製柱狀圖

本單元將使用 NumPy 套件及 matplotlib.pyplot 繪製柱狀圖，這個例將隨機產生 10,000 個數字，如果產生的數字為 1 表示得到分數落在第一個分數範圍，即 0-9

分；如果產生的數字為2表示得到分數落在第二個分數範圍，即10-19分；以此類推。下表為各數字與分數範圍的對應表。

產生的數字	代表的分數範圍
1	0~9分
2	10~19分
3	20~29分
4	30~39分
5	40~49分
6	50~59分
7	60~69分
8	70~79分
9	80~89分
10	90~99分

請使用NumPy套件及matplotlib.pyplot繪製柱狀圖，並在X軸標示各分數區間的範圍，繪製柱狀圖的色彩請使用紅色。

【範例：graph.py】使用 NumPy 套件繪製柱狀圖

```
01  import numpy as np
02  import matplotlib.pyplot as plt
03  import random as rd
04
05  def get_score(total, interval): # 產生落在各分數範圍的隨機數
06      for i in range(total):
07          number = rd.randint(1, interval) # 產生 1-10 隨機數
08          score.append(number)
09
10  def statistics(interval):        # 計算 1-10 個出現次數
11      for i in range(1, interval+1):
```

```
12          number = score.count(i) # 計算 i 出現在各分數區間串列的次數
13          times.append(number)
14
15  total = 10000       # 受測學生的總人數
16  interval = 10       # 共 10 個分數區間
17  score = []          # 建立各分數區間的串列
18  times = []          # 儲存每一個分數範圍出現次數串列
19  get_score(total, interval) # 產生 1-10 組分數範圍的串列
20  statistics(interval)       # 將各分數區間的串列串列轉成次數串列
21  x = np.arange(10)          # 長條圖 x 軸座標
22  width = 0.6                # 長條圖寬度
23  plt.bar(x, times, width, color='r')   # 繪製長條圖
24  plt.ylabel('Total students in each interval')
25  plt.title('Ten thousand people score')
26  plt.xticks(x, ('0-9', '10-19', '20-29', '30-39', '40-49', \
27                 '50-59', '60-69', '70-79', '80-89', '90-100'))
28  plt.yticks(np.arange(0, 1200, 50))
29  plt.show()
```

執行結果

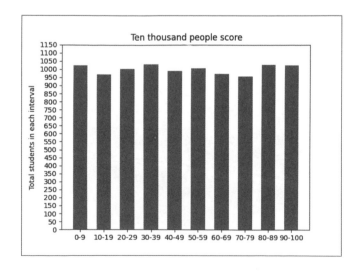

* 第 05~08 行：定義 get_score 函數可以用來產生落在各分數範圍的隨機數，共有 10 種可能，例如若產生數字 3 則表示此分數是第 3 個分數範圍，其分數介於 20-29 分。又例如若產生數字 9 則表示此分數是第 9 個分數範圍，其分數介於 80-89 分。

* 第 10~13 行：定義 statistics 函數可以用來統計各範圍的分數出現的次數。

* 第 15 行：受測學生的總人數。

* 第 16 行：共 10 個分數區間。

* 第 17 行：用來儲存所有產生的隨機數是落在哪一個分數區間的串列。

* 第 18 行：儲存每一個分數範圍出現次數串列。

* 第 19 行：呼叫 get_score 函數，可以產生 1-10 組分數範圍的串列。

* 第 20 行：呼叫 statistics 函數，可以將各分數區間的串列串列轉成次數串列。

* 第 21 行：長條圖 x 軸座標分 10 個範圍。

* 第 22 行：設定長條圖寬度為 0.6。

* 第 23 行：繪製長條圖，顏色設定為紅色。

* 第 24 行：長條圖的 y 軸標題名稱。

* 第 25 行：長條圖的圖表標題名稱。

* 第 26~27 行：x 軸刻度的顯示方式。

* 第 28 行：y 軸刻度的顯示方式。

* 第 29 行：顯示長條圖。

多張工作表串接與合併

▼　▼　▼

我們可以將多張工作表進行內容的串接，一種是橫向連接，另一種則是縱向連接。橫向連接的概念是根據這兩張要連接資料表的共同欄位名稱來進行連接，也就是說，如果我們要以橫向的方式來將兩個資料表進行合併，則必須透過這兩個資料表的共同欄位來作為合併的連接介面。

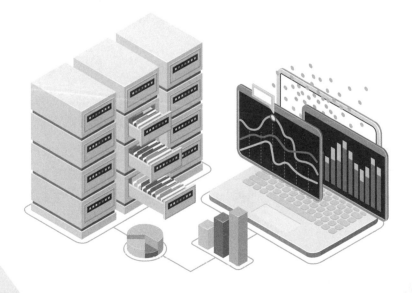

9-1 兩表格有共同鍵的橫向連接

在 Python 要進行兩張工作表的橫向連接必須藉助 merge() 方法,各位可以回想一下,在 Excel 我們經常會使用到 VLOOKUP () 函數。VLOOKUP 函數就是在一陣列或表格的最左欄中尋找含有某特定值的欄位,再傳回同一列中某一指定儲存格中的值,其中的 V 的英文全名為 Vertical,也就是垂直的意思。

● VLOOKUP 函數

函數說明

在一陣列或表格的最左欄中尋找含有某特定值的欄位,再傳回同一列中某一指定儲存格中的值。

函數語法

```
VLOOKUP(lookup_value, table_array, col_index_num,range_lookup)
```

引數說明

- lookup_value:欲在陣列的最左欄中搜尋的值,可以是數值、參照位址或文字字串

- table_array:要在其中搜尋的資料表格,通常是儲存格範圍的參照位址或類似資料庫或清單的範圍名稱

- col_index_num:傳回值位於 Table_array 中的第幾欄

- range_lookup:為一邏輯值,用來指定 VLOOKUP() 函數要尋找完全符合或部分符合的值。當此引數值為 TRUE 或被忽略時,會傳回部分符合的數值。

在電腦的世界中,給予獨一無二的識別碼,是資料庫管理非常重要的一件事,我們也會幫所有的員工編號,方便員工資料管理,但是 007 到底是誰?這時候就要使用 VLOOKUP 函數幫我們從員工資料庫中,找到員工編號 007 的員工姓名。

```
公式 =VLOOKUP( 想要查的儲存格 , 搜尋的儲存格範圍 , 指定欄號 , 符合的程度 )
=VLOOKUP( 員工編號 007, 員工資料範圍 , 第 2 欄的姓名 , 完全符合 )
=VLOOKUP(D6,A2:B11,2,0)
```

　　要特別注意的是查閱值必須在資料範圍的首欄。以這個範例來說員工編號就一定要在員工資料庫中的第 1 欄，找到 007 的值，傳回同列第 2 欄的姓名。

　　如果在 pandas 要能達到和 VLOOKUP() 函數類似的功能，這種情況下就可以藉助 merge() 函數，這個函數可以很方便地根據所提供的鍵值去從另外一個資料表中查詢出所需要的數據資料，而且 pandas 中的 merge() 函式它可以將不同的資料表按指示的欄位進行合併，並得出一個新的資料表。

　　在開始利用 merge() 方法來進行兩個資料表的橫向連結前，我們先來完整說明 merge() 方法的使用方式，底下為 merge() 函式所包含的引數及其用法。

```
DataFrame1.merge(DataFrame2, how='inner', on=None, left_on=None, right_on=None,
left_index=False, right_index=False, sort=False, suffixes=('_x', '_y'))
```

　　底下為上述函數各個引數的功能的簡要說明：

- 【how】預設為 inner，可以設定的值有 4 種：left, right, outer 以及 inner 之中的一個。
- 【on】根據某個欄位進行兩個資料表之間的連結，而且這個欄位必須存在於兩個 DateFrame 中，假如要連結的欄位沒有同時存在時，則必須分別使用 left_on 和 right_on 來設定。
- 【left_on】左連線，以 DataFrame1 中用作連線鍵的列
- 【right_on】右連線，以 DataFrame2 中用作連線鍵的列

- 【left_index】將 DataFrame1 行索引用作連線鍵

- 【right_index】將 DataFrame2 行索引用作連線鍵

- 【sort】根據連線鍵對合併後的資料進行排列的工作，預設為 True

- 【suffixes】對兩個資料集中出現的重複列，新資料集中加上字尾 _x,_y 進行區分以方便辨別。

接著我們將以幾個實例示範各種引數設定的不同，其合併的方式會有所差異。

9-1-1 利用參數 on 來指定一對一串接

兩個要合併的資料表有相同的鍵，這個時候就必須用「on=」來設定，例如：「on='id'」，但如果需要藉助兩個以上的鍵來確定，這種情況下就須用列表的方式，例如：on=["a","b","c"]

範例程式：merge01-1.py

```
01  import pandas as pd
02  pd.set_option('display.unicode.ambiguous_as_wide', True)
03  pd.set_option('display.unicode.east_asian_width', True)
04  pd.set_option('display.width', 180) # 設置寬度
05
06  left=pd.DataFrame({'id': ['A001', 'A002', 'A003', 'A004'],
07                     '姓名': ['吳燦銘', '鄭苑鳳', '許伯如', '胡建文'],
08                     '必修': ['數學', '程式語言', '網路行銷', '企業導論']})
09  right=pd.DataFrame({'id': ['A001', 'A002', 'A003', 'A004'],
10                      '選修一': ['音樂', '日語', '泰語', '網球'],
11                      '選修二': ['日語', '遊戲企劃', '經濟', '越語']})
12  rs = pd.merge(left, right, on='id')
13  print(left)
14  print("="*40)
15  print(right)
16  print("="*40)
17  print(rs)
```

```
        id      姓名          必修
0     A001    吳燦銘          數學
1     A002    鄭苑鳳       程式語言
2     A003    許伯如       網路行銷
3     A004    胡建文       企業導論
========================================
        id    選修一        選修二
0     A001      音樂          日語
1     A002      日語      遊戲企劃
2     A003      泰語          經濟
3     A004      網球          越語
========================================
        id      姓名          必修    選修一      選修二
0     A001    吳燦銘          數學      音樂          日語
1     A002    鄭苑鳳       程式語言      日語      遊戲企劃
2     A003    許伯如       網路行銷      泰語          經濟
3     A004    胡建文       企業導論      網球          越語
```

程式解析

* 第 1 行：匯入 pandas 套件並以 pd 作為別名。

* 第 2~4 行：這三道指令就可以解決中文無法對齊的問題。

* 第 6~8 行：第一組資料表。

* 第 9~11 行：第二組資料表。

* 第 12 行：以 id 兩個資料表的相同的鍵進行兩個資料表的合併。

* 第 13~17 行：輸出第一組工作表、第二組工作表及合併後的工作表。

　　如果兩個數據有著相同的鍵，其實可以直接省略 on 的參數，只要直接傳入兩個 DataFrame 的名稱也可以直接合併，語法如下：

```
rs = pd.merge(left, right)
```

　　請各位看底下程式的修正，我們直接將「rs = pd.merge（left, right, on='id'）」修改成「rs = pd.merge（left, right）」，各位可以發現所合併後的結果和上述範例程式相同。

範例程式：merge02.py

```
01  import pandas as pd
02  pd.set_option('display.unicode.ambiguous_as_wide', True)
```

```
03    pd.set_option('display.unicode.east_asian_width', True)
04    pd.set_option('display.width', 180) # 設置寬度
05
06    left=pd.DataFrame({'id': ['A001', 'A002', 'A003', 'A004'],
07                          '姓名': ['吳燦銘', '鄭苑鳳', '許伯如', '胡建文'],
08                          '必修': ['數學', '程式語言', '網路行銷', '企業導論']})
09    right=pd.DataFrame({'id': ['A001', 'A002', 'A003', 'A004'],
10                          '選修一': ['音樂', '日語', '泰語', '網球'],
11                          '選修二': ['日語', '遊戲企劃', '經濟', '越語']})
12    rs = pd.merge(left, right)
13    print(left)
14    print("="*40)
15    print(right)
16    print("="*40)
17    print(rs)
```

執行結果

```
      id     姓名        必修
0    A001   吳燦銘        數學
1    A002   鄭苑鳳     程式語言
2    A003   許伯如     網路行銷
3    A004   胡建文     企業導論
========================================
      id   選修
0    A001   音樂
1    A002   日語
2    A003   泰語
3    A002   網球
4    A003   日語
5    A004   泰語
========================================
      id     姓名        必修    選修
0    A001   吳燦銘        數學    音樂
1    A002   鄭苑鳳     程式語言    日語
2    A002   鄭苑鳳     程式語言    網球
3    A003   許伯如     網路行銷    泰語
4    A003   許伯如     網路行銷    日語
5    A004   胡建文     企業導論    泰語
```

程式解析

* 第1行：匯入 pandas 套件並以 pd 作為別名。

* 第2~4行：這三道指令就可以解決中文無法對齊的問題。

＊ 第 6~8 行：第一組資料表。

＊ 第 9~11 行：第二組資料表。

＊ 第 12 行：如果兩個數據有著相同的鍵，其實可以直接省略 on 的參數，只要直接傳入兩個 DataFrame 的名稱也可以直接合併。

＊ 第 13~17 行：輸出第一組工作表、第二組工作表及合併後的工作表。

9-1-2　利用參數 on 來指定多對一串接

　　前面的例子是利用參數 on 來指定一對一串接，其實我們也可以利用參數 on 來指定多對一串接，請看下一個例子的示範說明。

範例程式：merge01-2.py

```
01  import pandas as pd
02  pd.set_option('display.unicode.ambiguous_as_wide', True)
03  pd.set_option('display.unicode.east_asian_width', True)
04  pd.set_option('display.width', 180) # 設置寬度
05
06  left=pd.DataFrame({'id': ['A001', 'A002', 'A003', 'A004'],
07                      '姓名': ['吳燦銘', '鄭苑鳳', '許伯如', '胡建文'],
08                      '必修': ['數學', '程式語言', '網路行銷', '企業導論']})
09  right=pd.DataFrame({'id': ['A001', 'A002', 'A003', 'A002', 'A003', 'A004'],
10                      '選修': ['音樂', '日語', '泰語', '網球', '日語', '泰語'],})
11  rs = pd.merge(left, right, on='id')
12  print(left)
13  print("="*40)
14  print(right)
15  print("="*40)
16  print(rs)
```

```
      id    姓名       必修
0   A001  吳燦銘       數學
1   A002  鄭苑鳳     程式語言
2   A003  許伯如     網路行銷
3   A004  胡建文     企業導論
```

```
      id  選修
0   A001  音樂
1   A002  日語
2   A003  泰語
3   A002  網球
4   A003  日語
5   A004  泰語
```

```
      id    姓名       必修     選修
0   A001  吳燦銘       數學     音樂
1   A002  鄭苑鳳     程式語言   日語
2   A002  鄭苑鳳     程式語言   網球
3   A003  許伯如     網路行銷   泰語
4   A003  許伯如     網路行銷   日語
5   A004  胡建文     企業導論   泰語
```

程式解析

* 第 1 行：匯入 pandas 套件並以 pd 作為別名。

* 第 2~4 行：這三道指令就可以解決中文無法對齊的問題。

* 第 6~8 行：第一組資料表。

* 第 9~10 行：第二組資料表。

* 第 11 行：利用參數 on 來指定多對一串接。

* 第 12~16 行：輸出第一組工作表、第二組工作表及合併後的工作表。

9-1-3　利用參數 on 來指定多對多串接

　　上一節的例子是利用參數 on 來指定多對一串接，除了之外，其實我們也可以利用參數 on 來指定多對多串接，請看下一個例子的示範說明。

範例程式：merge01-3.py

```
01  import pandas as pd
02  pd.set_option('display.unicode.ambiguous_as_wide', True)
03  pd.set_option('display.unicode.east_asian_width', True)
04  pd.set_option('display.width', 180) # 設置寬度
```

```
05
06  left=pd.DataFrame({'id': ['A001', 'A002', 'A003', 'A004','A002', 'A003'],
07                    '姓名': ['吳燦銘', '鄭苑鳳', '許伯如', '胡建文', '鄭苑鳳',
                       '許伯如'],
08                    '必修': ['數學', '程式語言', '網路行銷', '企業導論','影像繪
                       圖', '公共關係']})
09  right=pd.DataFrame({'id': ['A001', 'A002', 'A003', 'A002', 'A003', 'A004'],
10                     '選修': ['音樂', '日語', '泰語', '網球', '日語', '泰語'],})
11  rs = pd.merge(left, right, on='id')
12  print(left)
13  print("="*40)
14  print(right)
15  print("="*40)
16  print(rs)
```

執行結果

```
      id    姓名      必修
0   A001  吳燦銘      數學
1   A002  鄭苑鳳    程式語言
2   A003  許伯如    網路行銷
3   A004  胡建文    企業導論
4   A002  鄭苑鳳    影像繪圖
5   A003  許伯如    公共關係
========================================
      id  選修
0   A001  音樂
1   A002  日語
2   A003  泰語
3   A002  網球
4   A003  日語
5   A004  泰語
========================================
      id    姓名      必修  選修
0   A001  吳燦銘      數學  音樂
1   A002  鄭苑鳳    程式語言  日語
2   A002  鄭苑鳳    程式語言  網球
3   A002  鄭苑鳳    影像繪圖  日語
4   A002  鄭苑鳳    影像繪圖  網球
5   A003  許伯如    網路行銷  泰語
6   A003  許伯如    網路行銷  日語
7   A003  許伯如    公共關係  泰語
8   A003  許伯如    公共關係  日語
9   A004  胡建文    企業導論  泰語
```

* 第 1 行：匯入 pandas 套件並以 pd 作為別名。

* 第 2~4 行：這三道指令就可以解決中文無法對齊的問題。

* 第 6~8 行：第一組資料表。

* 第 9~10 行：第二組資料表。

* 第 11 行：利用參數 on 來指定多對多串接進行兩個資料表的合併。

* 第 13~17 行：輸出第一組工作表、第二組工作表及合併後的工作表。

9-2 具有共同鍵的 4 種連結方式

具有共同鍵的 4 種連結方式可以設定的值有：left, right, outer 以及 inner 之中的一個，其預設值為 inner（內連結）。

9-2-1 以 how=inner 來指定連接方式（內連結）

前面提過 how 引數的預設值為 inner，可以設定的值有 4 種：left, right, outer 以及 inner 之中的一個，其中預設為 inner 只會顯示共同欄位值的資料內容，我們接著將上述的表格型資料結構內容稍作一些修改，接著各位就可以觀察出執行結果和上面例子的不同。

範例程式：merge03.py

```
01  import pandas as pd
02  pd.set_option('display.unicode.ambiguous_as_wide', True)
03  pd.set_option('display.unicode.east_asian_width', True)
04  pd.set_option('display.width', 180) # 設置寬度
05
06  left=pd.DataFrame({'id': ['A001', 'A002', 'A003', 'A004'],
07                     '姓名': ['吳燦銘', '鄭苑鳳', '許伯如', '胡建文'],
```

```
08                            '必修': ['數學', '程式語言', '網路行銷', '企業導論']})
09   right=pd.DataFrame({'id': ['A001', 'A002', 'A005', 'A006'],
10                            '選修一': ['音樂', '日語', '泰語', '網球'],
11                            '選修二': ['日語', '遊戲企劃', '經濟', '越語']})
12   rs = pd.merge(left, right)
13   print(left)
14   print("="*40)
15   print(right)
16   print("="*40)
17   print(rs)
```

執行結果

```
      id    姓名        必修
0   A001  吳燦銘        數學
1   A002  鄭苑鳳      程式語言
2   A003  許伯如      網路行銷
3   A004  胡建文      企業導論
========================================
      id  選修一      選修二
0   A001    音樂        日語
1   A002    日語    遊戲企劃
2   A005    泰語        經濟
3   A006    網球        越語
========================================
      id    姓名        必修  選修一    選修二
0   A001  吳燦銘        數學    音樂        日語
1   A002  鄭苑鳳      程式語言    日語    遊戲企劃
```

程式解析

* 第 1 行：匯入 pandas 套件並以 pd 作為別名。

* 第 2~4 行：這三道指令就可以解決中文無法對齊的問題。

* 第 6~8 行：第一組資料表。

* 第 9~11 行：第二組資料表。

* 第 12 行：預設為 inner 連接方式（內連結）只會顯示共同欄位值的資料內容。

* 第 13~17 行：輸出第一組工作表、第二組工作表及合併後的工作表。

9-2-2 以 how=left 來指定連接方式（左連結）

當 how 的值設定為 left，則第二個表格型資料結構（DataFrame）與第一個表格型資料結構沒有共同欄位值就不會再顯示，請看底下的例子示範。

範例程式：merge04.py

```python
01  import pandas as pd
02  pd.set_option('display.unicode.ambiguous_as_wide', True)
03  pd.set_option('display.unicode.east_asian_width', True)
04  pd.set_option('display.width', 180) # 設置寬度
05
06  left=pd.DataFrame({'id': ['A001', 'A002', 'A003', 'A004'],
07                     '姓名': ['吳燦銘', '鄭苑鳳', '許伯如', '胡建文'],
08                     '必修': ['數學', '程式語言', '網路行銷', '企業導論']})
09  print(left)
10  print("="*40)
11  right=pd.DataFrame({'id': ['A001', 'A002', 'A005', 'A006'],
12                      '選修一': ['音樂', '日語', '泰語', '網球'],
13                      '選修二': ['日語', '遊戲企劃', '經濟', '越語']})
14  print(right)
15  print("="*40)
16  rs = pd.merge(left, right,how="left")
17  print(rs)
```

執行結果

```
     id      姓名         必修
0  A001    吳燦銘       數學
1  A002    鄭苑鳳     程式語言
2  A003    許伯如     網路行銷
3  A004    胡建文     企業導論
========================================
     id   選修一      選修二
0  A001    音樂         日語
1  A002    日語     遊戲企劃
2  A005    泰語         經濟
3  A006    網球         越語
========================================
     id      姓名         必修   選修一      選修二
0  A001    吳燦銘       數學    音樂         日語
1  A002    鄭苑鳳     程式語言    日語     遊戲企劃
2  A003    許伯如     網路行銷   NaN        NaN
3  A004    胡建文     企業導論   NaN        NaN
```

* 第 1 行：匯入 pandas 套件並以 pd 作為別名。

* 第 2~4 行：這三道指令就可以解決中文無法對齊的問題。

* 第 6~8 行：第一組資料表。

* 第 10~13 行：第二組資料表。

* 第 16 行：當 how 的值設定為 left，則第二個表格型資料結構（DataFrame）與第一個表格型資料結構沒有共同欄位值就不會再顯示。

9-2-3 以 how=right 來指定連接方式（右連結）

當 how 的值設定為 right，則第一個表格型資料結構（DataFrame）與第二個表格型資料結構沒有共同欄位值就不會再顯示，請看底下的例子示範。

範例程式：merge05.py

```python
01  import pandas as pd
02  pd.set_option('display.unicode.ambiguous_as_wide', True)
03  pd.set_option('display.unicode.east_asian_width', True)
04  pd.set_option('display.width', 180) # 設置寬度
05
06  left=pd.DataFrame({'id': ['A001', 'A002', 'A003', 'A004'],
07                     '姓名': ['吳燦銘', '鄭苑鳳', '許伯如', '胡建文'],
08                     '必修': ['數學', '程式語言', '網路行銷', '企業導論']})
09  print(left)
10  print("="*40)
11  right=pd.DataFrame({'id': ['A001', 'A002', 'A005', 'A006'],
12                      '選修一': ['音樂', '日語', '泰語', '網球'],
13                      '選修二': ['日語', '遊戲企劃', '經濟', '越語']})
14  print(right)
15  print("="*40)
16  rs = pd.merge(left, right,how="right")
17  print(rs)
```

```
        id    姓名        必修
0   A001   吳燦銘        數學
1   A002   鄭苑鳳     程式語言
2   A003   許伯如     網路行銷
3   A004   胡建文     企業導論
========================================
        id  選修一      選修二
0   A001   音樂        日語
1   A002   日語     遊戲企劃
2   A005   泰語        經濟
3   A006   網球        越語
========================================
        id    姓名        必修    選修一      選修二
0   A001   吳燦銘        數學      音樂        日語
1   A002   鄭苑鳳     程式語言      日語     遊戲企劃
2   A005    NaN       NaN      泰語        經濟
3   A006    NaN       NaN      網球        越語
```

程式解析

* 第 1 行：匯入 pandas 套件並以 pd 作為別名。

* 第 2~4 行：這三道指令就可以解決中文無法對齊的問題。

* 第 6~8 行：第一組資料表。

* 第 10~13 行：第二組資料表。

* 第 16 行：當 how 的值設定為 right，則第一個表格型資料結構（DataFrame）與第二個表格型資料結構沒有共同欄位值就不會再顯示。

9-2-4 以 how=outer 來指定連接方式（全連結）

　　當 how 的值設定為 outer，則第一個表格型資料結構（DataFrame）與第二個表格型資料結構全部顯示出來，匹配不到的顯示 NaN，請看底下的例子示範。

範例程式：merge06.py

```
01  import pandas as pd
02  pd.set_option('display.unicode.ambiguous_as_wide', True)
03  pd.set_option('display.unicode.east_asian_width', True)
04  pd.set_option('display.width', 180) # 設置寬度
05
06  left=pd.DataFrame({'id': ['A001', 'A002', 'A003', 'A004'],
```

```
07                           '姓名': ['吳燦銘', '鄭苑鳳', '許伯如', '胡建文'],
08                           '必修': ['數學', '程式語言', '網路行銷', '企業導論']})
09  print(left)
10  print("="*40)
11  right=pd.DataFrame({'id': ['A001', 'A002', 'A005', 'A006'],
12                      '選修一': ['音樂', '日語', '泰語', '網球'],
13                      '選修二': ['日語', '遊戲企劃', '經濟', '越語']})
14  print(right)
15  print("="*40)
16  rs = pd.merge(left, right,how="outer")
17  print(rs)
```

執行結果

```
       id      姓名        必修
0    A001    吳燦銘        數學
1    A002    鄭苑鳳      程式語言
2    A003    許伯如      網路行銷
3    A004    胡建文      企業導論
========================================
       id   選修一      選修二
0    A001    音樂        日語
1    A002    日語      遊戲企劃
2    A005    泰語        經濟
3    A006    網球        越語
========================================
       id      姓名        必修  選修一      選修二
0    A001    吳燦銘        數學    音樂        日語
1    A002    鄭苑鳳      程式語言    日語      遊戲企劃
2    A003    許伯如      網路行銷    NaN       NaN
3    A004    胡建文      企業導論    NaN       NaN
4    A005     NaN       NaN    泰語        經濟
5    A006     NaN       NaN    網球        越語
```

程式解析

* 第 1 行：匯入 pandas 套件並以 pd 作為別名。

* 第 2~4 行：這三道指令就可以解決中文無法對齊的問題。

* 第 6~8 行：第一組資料表。

* 第 10~13 行：第二組資料表。

* 第 16 行：當 how 的值設定為 outer，則第一個表格型資料結構（DataFrame）與
  第二個表格型資料結構全部顯示出來，匹配不到的顯示 NaN。

9-3 兩表格沒有共同鍵的橫向連接

我們會將兩表格沒有共同鍵的橫向連接分單一鍵連結及多重鍵連結兩種情況來分別說明與實作範例，請接著看以下的說明。

9-3-1 沒有共同鍵的單一鍵連結方式

但是如果兩個要合併的表格型資料結構沒有相同的鍵，則必須以 left_on 指定左側表格型資料結構的連結鍵，並以 right_on 指定右側表格型資料結構的連結鍵，接著我們將以實例示範說明。

範例程式：merge07.py

```
01  import pandas as pd
02  pd.set_option('display.unicode.ambiguous_as_wide', True)
03  pd.set_option('display.unicode.east_asian_width', True)
04  pd.set_option('display.width', 180) # 設置寬度
05
06  left=pd.DataFrame({'Left_id': ['A001', 'A002', 'A003', 'A004'],
07                     '姓名': ['吳燦銘', '鄭苑鳳', '許伯如', '胡建文'],
08                     '必修': ['數學', '程式語言', '網路行銷', '企業導論']})
09  print(left)
10  print("="*40)
11  right=pd.DataFrame({'Right_id': ['A001', 'A002', 'A005', 'A006'],
12                      '選修一': ['音樂', '日語', '泰語', '網球'],
13                      '選修二': ['日語', '遊戲企劃', '經濟', '越語']})
14  print(right)
15  print("="*40)
16  rs = pd.merge(left, right,left_on="Left_id",right_on="Right_id")
17  print(rs)
```

```
   Left_id    姓名       必修
0   A001     吳燦銘      數學
1   A002     鄭苑鳳     程式語言
2   A003     許伯如     網路行銷
3   A004     胡建文     企業導論
===============================================
   Right_id  選修一     選修二
0   A001     音樂       日語
1   A002     日語     遊戲企劃
2   A005     泰語       經濟
3   A006     網球       越語
===============================================
   Left_id    姓名       必修  Right_id  選修一     選修二
0   A001     吳燦銘      數學     A001     音樂       日語
1   A002     鄭苑鳳     程式語言    A002     日語     遊戲企劃
```

程式解析

* 第 1 行：匯入 pandas 套件並以 pd 作爲別名。

* 第 2~4 行：這三道指令就可以解決中文無法對齊的問題。

* 第 6~8 行：第一組資料表。

* 第 11~13 行：第二組資料表。

* 第 16 行：以 left_on 指定左側表格型資料結構的連結鍵 "Left_id"，並以 right_on 指定右側表格型資料結構的連結鍵 "Right_id"。

9-3-2　沒有共同鍵的多重鍵連結方式

但是如果沒有共同鍵的多重鍵連結方式，就必須以列表的方式傳入，例如：

```
left_on=["a"","b","c"], right_on=["d","e","f"]
```

接著我們將以實例示範說明。

範例程式：merge08.py

```
01  import pandas as pd
02  pd.set_option('display.unicode.ambiguous_as_wide', True)
03  pd.set_option('display.unicode.east_asian_width', True)
04  pd.set_option('display.width', 180) # 設置寬度
```

```
06  left=pd.DataFrame({'Left_id': ['A001', 'A002', 'A003', 'A004'],
07                      'Left_class': ['忠', '孝', '仁', '愛'],
08                      '姓名': ['吳燦銘', '鄭苑鳳', '許伯如', '胡建文'],
09                      '必修': ['數學', '程式語言', '網路行銷', '企業導論']})
10  print(left)
11  print("="*40)
12  right=pd.DataFrame({'Right_id': ['A001', 'A002', 'A005', 'A006'],
13                      'Right_class': ['忠', '孝', '和', '平'],
14                      '選修一': ['音樂', '日語', '泰語', '網球'],
15                      '選修二': ['日語', '遊戲企劃', '經濟', '越語']})
16  print(right)
17  print("="*40)
18  rs = pd.merge(left, right,left_on=["Left_id","Left_class"],
19                      right_on=["Right_id","Right_class"])
20  print(rs)
```

執行結果

```
  Left_id Left_class     姓名        必修
0   A001        忠      吳燦銘      數學
1   A002        孝      鄭苑鳳     程式語言
2   A003        仁      許伯如     網路行銷
3   A004        愛      胡建文     企業導論
========================================
  Right_id Right_class  選修一      選修二
0   A001         忠      音樂        日語
1   A002         孝      日語     遊戲企劃
2   A005         和      泰語        經濟
3   A006         平      網球        越語
========================================
  Left_id Left_class    姓名      必修 Right_id Right_class 選修一    選修二
0   A001        忠     吳燦銘    數學    A001        忠      音樂     日語
1   A002        孝     鄭苑鳳   程式語言  A002        孝      日語   遊戲企劃
```

程式解析

＊ 第 1 行：匯入 pandas 套件並以 pd 作為別名。

＊ 第 2~4 行：這三道指令就可以解決中文無法對齊的問題。

＊ 第 6~9 行：第一組資料表。

* 第 12~15 行：第二組資料表。

* 第 16 行：如果沒有共同鍵的多重鍵連結方式，就必須以列表的方式傳入。

9-3-3 標示重複欄名

　　兩個資料表在進行連接時，萬一遇到欄名重複時，pd.merge() 方法會自動為這些重複的欄位加上 _x、_y、_z 來加以區分辨識，其實除了這種預設表達重複欄位的方式外，我們也可以自己使用 suffixes 參數來自訂每一個重複欄位的尾碼表現的方式，例如下例中的 suffixes=["_左邊","_右邊"]，表示會在位於左側重複欄位檔名加上「_左邊」的尾碼，並會在位於右側重複欄位檔名加上「_右邊」的尾碼，接著我們將以實例示範說明。

範例程式：merge09.py

```
01  import pandas as pd
02  pd.set_option('display.unicode.ambiguous_as_wide', True)
03  pd.set_option('display.unicode.east_asian_width', True)
04  pd.set_option('display.width', 180) # 設置寬度
05
06  left=pd.DataFrame({'學號': ['A001', 'A002', 'A003', 'A004'],
07                     '姓名': ['吳燦銘', '鄭苑鳳', '許伯如', '胡建文'],
08                     '必修': ['數學', '程式語言', '網路行銷', '企業導論']})
09  print(left)
10  print("="*40)
11  right=pd.DataFrame({'學號': ['A001', 'A002', 'A005', 'A006'],
12                      '姓名': ['吳燦銘', '鄭苑鳳', '許伯如', '胡建文'],
13                      '選修': ['日語', '遊戲企劃', '經濟', '越語']})
14  print(right)
15  print("="*40)
16  rs = pd.merge(left,right ,on="學號",how="inner")
17  print(rs)
18  print("="*40)
19  rs = pd.merge(left,right ,on="學號",how="inner",suffixes=["_左邊","_右邊"])
20  print(rs)
```

```
      學號     姓名       必修
0    A001    吳燦銘       數學
1    A002    鄭苑鳳      程式語言
2    A003    許伯如      網路行銷
3    A004    胡建文      企業導論
```

```
      學號     姓名       選修
0    A001    吳燦銘       日語
1    A002    鄭苑鳳      遊戲企劃
2    A005    許伯如       經濟
3    A006    胡建文       越語
```

```
      學號   姓名_x      必修    姓名_y      選修
0    A001    吳燦銘       數學    吳燦銘       日語
1    A002    鄭苑鳳     程式語言   鄭苑鳳     遊戲企劃
```

```
      學號  姓名_左邊      必修  姓名_右邊      選修
0    A001    吳燦銘       數學    吳燦銘       日語
1    A002    鄭苑鳳     程式語言   鄭苑鳳     遊戲企劃
```

程式解析

* 第 1 行：匯入 pandas 套件並以 pd 作為別名。

* 第 2~4 行：這三道指令就可以解決中文無法對齊的問題。

* 第 6~8 行：第一組資料表。

* 第 11~13 行：第二組資料表。

* 第 16 行：指定兩資料表連接方式為內連結。

* 第 19 行：使用 suffixes 參數來自訂每一個重複欄位的尾碼表現的方式。

9-3-4　利用索引欄當連接鍵

　　索引欄並不是真正的欄位，不過我們也可以使用索引欄當連接鍵來將兩個資料表作橫向的連結，其中 left_index 參數是用來指定左邊的索引，right_index 參數是用來指定右邊的索引，接著我們將以實例示範說明。

範例程式：merge10.py

```
01   import pandas as pd
02   pd.set_option('display.unicode.ambiguous_as_wide', True)
03   pd.set_option('display.unicode.east_asian_width', True)
04   pd.set_option('display.width', 180) # 設置寬度
```

```
05
06  left=pd.DataFrame({'學號': ['A001', 'A002', 'A003', 'A004'],
07                     '姓名': ['吳燦銘', '鄭苑鳳', '許伯如', '胡建文'],
08                     '必修': ['數學', '程式語言', '網路行銷', '企業導論']})
09  print(left)
10  print("="*40)
11  right=pd.DataFrame({'學號': ['A001', 'A002', 'A005', 'A006'],
12                      '選修': ['日語', '遊戲企劃', '經濟', '越語']})
13  print(right)
14  print("="*40)
15  rs = pd.merge(left,right ,left_index=True,right_index=True)
16  print(rs)
```

執行結果

```
    學號      姓名        必修
0   A001    吳燦銘      數學
1   A002    鄭苑鳳    程式語言
2   A003    許伯如    網路行銷
3   A004    胡建文    企業導論
========================================
    學號      選修
0   A001    日語
1   A002  遊戲企劃
2   A005    經濟
3   A006    越語
========================================
   學號_x    姓名        必修  學號_y      選修
0  A001   吳燦銘      數學   A001      日語
1  A002   鄭苑鳳    程式語言   A002  遊戲企劃
2  A003   許伯如    網路行銷   A005      經濟
3  A004   胡建文    企業導論   A006      越語
```

程式解析

* 第 1 行：匯入 pandas 套件並以 pd 作為別名。

* 第 2~4 行：這三道指令就可以解決中文無法對齊的問題。

* 第 6~8 行：第一組資料表。

* 第 11~12 行：第二組資料表。

* 第 15 行：使用索引欄當連接鍵來將兩個資料表作橫向的連結，其中 left_index 參數是用來指定左邊的索引，right_index 參數是用來指定右邊的索引。

9-4 兩表格的縱向連接

concat() 這個函數的功能是用來將兩個 Series 以縱向將資料進行合併，不過這個函數合併的結果會保留重複的 index。

```
import pandas as pd
p1= pd.Series(['apple','bed','cat'], index=[0,1,2])
p2= pd.Series(['bed','angel','pen'], index=[1,3,5])
print(pd.concat([p1,p2]))
```

其執行結果如下：

```
0       apple
1         bed
2         cat
1         bed
3       angel
5         pen
dtype: object
```

9-4-1 兩表格的縱向連接並去除重複項

上圖中可以看出索引值內容重複，如果要將合併的資料表內容的重複項目去除，可以採用 drop_duplicate() 這個方法，例如底下的程式碼及執行結果：

```
import pandas as pd
p1= pd.Series(['apple','bed','cat'], index=[0,1,2])
p2= pd.Series(['bed','angel','pen'], index=[1,3,5])
print(pd.concat([p1,p2]).drop_duplicates())
```

其執行結果如下：

```
0       apple
1         bed
2         cat
3       angel
5         pen
dtype: object
```

這裡要補充說的一點是，使用 concat() 合併 axis=0 為直向合併例如

```
import pandas as pd
p1= pd.Series(['apple','bed','cat'], index=[0,1,2])
p2= pd.Series(['bed','angel','pen'], index=[1,3,5])
p3= pd.Series(['cat','may','library'], index=[2,4,6])
p4= pd.Series(['dream','holiday','good'], index=[10,20,30])
print(pd.concat([p1,p2,p3,p4],axis=0))
```

其執行結果如下：

```
0          apple
1            bed
2            cat
1            bed
3          angel
5            pen
2            cat
4            may
6        library
10         dream
20       holiday
30          good
dtype: object
```

9-4-2　以新索引執行兩表格的縱向合併

各位應該有發現，在縱向合併的結果中是採用原先未合併前的索引，如果各位希望合併之後有一個全新的索引，這種情況下就必須藉助 ignore_index 這個參數來設定，只要將這個參數的值設為「True」就可以忽略原先的索引，改採用自動產生的 index 來作為合併後資料表的索引，例如底下的程式碼及執行結果：

```
import pandas as pd
p1= pd.Series(['apple','bed','cat'], index=[0,1,2])
p2= pd.Series(['bed','angel','pen'], index=[1,3,5])
print(pd.concat([p1,p2],ignore_index=True).drop_duplicates())
```

其執行結果如下：

```
0      apple
1        bed
2        cat
4      angel
5        pen
dtype: object
```

9-4-3　concat() 方法的 join 模式

除了直接合併之後，我們也可以指定兩個 Series 合併的方式，使用 concat 合併時，他預設的 join 模式是 'outer'，會直接把沒有的資料用 NaN 代替，下列二個指令的輸出結果是一致的：

```
print(pd.concat([df1,df2]))
print(pd.concat([df1,df2], join='outer') )
```

當使用 concat 的 join 模式為 'inner'，會直接把沒有完整資料的刪除掉。

```
print(pd.concat([df1,df2], join='inner', ignore_index=True))
```

我們直接以底下的例子來示範說明：

範例程式：outer.py

```
01   import pandas as pd
02   df1=pd.read_excel("score1.xlsx")
03   df2=pd.read_excel("score2.xlsx")
04   pd.set_option('display.unicode.ambiguous_as_wide', True)
05   pd.set_option('display.unicode.east_asian_width', True)
06   pd.set_option('display.width', 180) # 設置寬度
07
08   print(df1)
09   print("="*40)
10   print(df2)
11   print("="*40)
```

```
12  rs = pd.concat([df1,df2], join='outer')
13  print(rs)
```

```
     學生    學號    初級    中級
0   許富強   A001   58.0   60.0
1   邱瑞祥   A002   62.0   52.0
2   朱正富   A003   NaN    83.0
3   陳貴玉   A004   87.0   NaN
4   莊自強   A005   46.0   95.0
========================================
     學生    學號    初級    中級
0   陳大慶   A006   95.0   64.0
1   莊照如   A007   78.0   NaN
2   吳建文   A008   87.0   85.0
3   鍾英誠   A009   69.0   64.0
4   賴唯中   A010   NaN    54.0
========================================
     學生    學號    初級    中級
0   許富強   A001   58.0   60.0
1   邱瑞祥   A002   62.0   52.0
2   朱正富   A003   NaN    83.0
3   陳貴玉   A004   87.0   NaN
4   莊自強   A005   46.0   95.0
0   陳大慶   A006   95.0   64.0
1   莊照如   A007   78.0   NaN
2   吳建文   A008   87.0   85.0
3   鍾英誠   A009   69.0   64.0
4   賴唯中   A010   NaN    54.0
```

程式解析

* 第 1 行：匯入 pandas 套件並以 pd 作爲別名。

* 第 2~3 行：讀取檔案。

* 第 4~6 行：這三道指令就可以解決中文無法對齊的問題。

* 第 12~13 行：使用 concat 合併時，他預設的 join 模式是 'outer'，會直接把沒有的資料用 NaN 代替。

9-4-4 使用 DataFrame append 來合併資料

　　我們也可以使用 DataFrame append 來合併資料，concat 的 append 功能預設是往下加。

```
01  import pandas as pd
02  df1=pd.read_excel("score1.xlsx")
03  df2=pd.read_excel("score2.xlsx")
04  df3=pd.read_excel("score3.xlsx")
05  pd.set_option('display.unicode.ambiguous_as_wide', True)
06  pd.set_option('display.unicode.east_asian_width', True)
07  pd.set_option('display.width', 180) # 設置寬度
08
09  print(df1)
10  print("="*40)
11  print(df2)
12  print("="*40)
13  res = df1.append(df2, ignore_index=True)
14  print(res)
```

執行結果

```
        學生    學號   初級    中級
0    許富強   A001   58.0   60.0
1    邱瑞祥   A002   62.0   52.0
2    朱正富   A003    NaN   83.0
3    陳貴玉   A004   87.0    NaN
4    莊自強   A005   46.0   95.0
========================================
        學生    學號   初級    中級
0    陳大慶   A006   95.0   64.0
1    莊照如   A007   78.0    NaN
2    吳建文   A008   87.0   85.0
3    鍾英誠   A009   69.0   64.0
4    賴唯中   A010    NaN   54.0
========================================
        學生    學號   初級    中級
0    許富強   A001   58.0   60.0
1    邱瑞祥   A002   62.0   52.0
2    朱正富   A003    NaN   83.0
3    陳貴玉   A004   87.0    NaN
4    莊自強   A005   46.0   95.0
5    陳大慶   A006   95.0   64.0
6    莊照如   A007   78.0    NaN
7    吳建文   A008   87.0   85.0
8    鍾英誠   A009   69.0   64.0
9    賴唯中   A010    NaN   54.0
```

程式解析

* 第 1 行：匯入 pandas 套件並以 pd 作為別名。

* 第 2~4 行：讀取檔案。

* 第 5~7 行：這三道指令就可以解決中文無法對齊的問題。

* 第 13~14 行：使用 DataFrame append 來合併資料，concat 的 append 功能預設是
往下加。

我們也可一次合併多筆資料，請看底下的範例說明。

範例程式：append1.py

```
01  import pandas as pd
02  df1=pd.read_excel("score1.xlsx")
03  df2=pd.read_excel("score2.xlsx")
04  df3=pd.read_excel("score3.xlsx")
05  pd.set_option('display.unicode.ambiguous_as_wide', True)
06  pd.set_option('display.unicode.east_asian_width', True)
07  pd.set_option('display.width', 180) # 設置寬度
08
09  print(df1)
10  print("="*40)
11  print(df2)
12  print("="*40)
13  res = df1.append([df2,df3], ignore_index=True)
14  print(res)
```

```
     學生   學號   初級   中級
0  許富強  A001  58.0  60.0
1  邱瑞祥  A002  62.0  52.0
2  朱正富  A003   NaN  83.0
3  陳貴玉  A004  87.0   NaN
4  莊自強  A005  46.0  95.0
===================================
     學生   學號   初級   中級
0  陳大慶  A006  95.0  64.0
1  莊照如  A007  78.0   NaN
2  吳建文  A008  87.0  85.0
3  鍾英誠  A009  69.0  64.0
4  賴唯中  A010   NaN  54.0
===================================
      學生   學號   初級   中級
0   許富強  A001  58.0  60.0
1   邱瑞祥  A002  62.0  52.0
2   朱正富  A003   NaN  83.0
3   陳貴玉  A004  87.0   NaN
4   莊自強  A005  46.0  95.0
5   陳大慶  A006  95.0  64.0
6   莊照如  A007  78.0   NaN
7   吳建文  A008  87.0  85.0
8   鍾英誠  A009  69.0  64.0
9   賴唯中  A010   NaN  54.0
10  吳文建  A010  88.0  83.0
11  鄭麗娟  A011  98.0  96.0
```

程式解析

＊ 第 1 行：匯入 pandas 套件並以 pd 作為別名。

＊ 第 2~4 行：讀取檔案。

＊ 第 5~7 行：這三道指令就可以解決中文無法對齊的問題。

＊ 第 13~14 行：使用 DataFrame append 來合併資料，也可一次合併多筆資料。

超高效！Python×Excel 資料分析自動化：輕鬆打造你的完美工作法！

實務資料分析研究案例

▼　▼　▼

本章第 個案例將以「基金操作績效資料分析」為例，示範如何用 Python
自動化讀取 Excel 檔，將讀取的資料另存新的 .xlsx 檔。另外也會以「股
票獲利績效及價格變化」與「中小企業各事業體營運成果」示範如何利
用 Python 的 openpyxl 函式庫，根據 Excel 檔案格式的股票交易操作績
效資料及企業各事業體的業績收入，自動繪製出各式各樣的統計圖表。

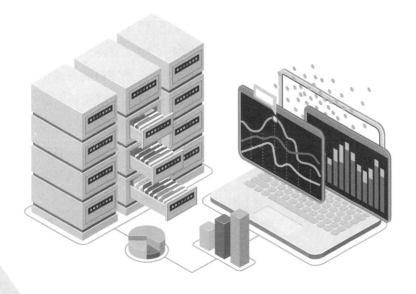

10-1　基金操作績效資料分析

我們可以利用 openpyxl 函式庫結合 python 程式語言來協助從 Excel 活頁簿中的工作表讀取資料，並將所讀取的重要欄位資料以 Python 語言的字典資料結構來加以儲存，最後再從以迴圈的方式，讀取這些字典中的重要資訊，並進行各種需求的計算、加總或統計，最終就可以將這些寶貴資料及統計資訊，以新建工作表的方式，寫入到指定的儲存格位置，加以完成統計分析工作表。

10-1-1　再談 Python 字典資料結構

在本書「第 3 章 Python 語法快速入門」我們有簡單介紹過 Python 字典的特性，我們很清楚知道，字典（dict）儲存的資料為「鍵（key）」與「值（value）」所對應的資料，字典和串列（list）、元組（tuple）等序列型別有一個很大的不同點，字典中的資料是沒有順序性的，它是使用「鍵」查詢「值」。在本範例中會以字典資料結構來儲存從 Excel 工作表中讀取的重要資料，並以二維字典的方式來加以儲存，最後再以迴圈方式來一一讀取字典中所記錄的各種資訊，要能活用這些程式寫作技巧，在此有必要為各位再仔細談談各種字典的程式寫作技巧。

字典與串列、元組的作用也非常相似，可存放任何型態的對象，屬於一種較為複雜的資料結構，對於資料的查找很方便。字典也具備元素沒有順序性、鍵值不可重覆與可以改變元素內容的三種特性。比較不同字典是以一個鍵（key）對應一個值（value），而不是以索引值進行調用。由於「鍵」沒有順序性，所以適用於序列與元組型態的切片運算、連接運算子（＋）、重複運算子（＊）等，在字典中就無法使用。在字典中，每一個元素都由鍵（key）和值（value）構成，字典裡元素的值可以是任何的資料型態，例如：字串、整數、list、物件等等。每個 key 與 value 之間以冒號（:）分隔，每一組 key:value 皆以逗號（,）區隔並以大括號包裹著每一組鍵值。

```
字典名稱 =( 鍵 1：值 1, 鍵 2：值 2, 鍵 3：值 3…..)
```

建立字典以後，我們可以透過 key 來取得對應的 value，通常字典都是以 key 進行查詢並取得對應值，故 key 為唯一且僅以字串命名，value 則不必。建立字典的方式除了利用大括號 {} 產生字典，也可以使用 dict() 函數，或是先建立空的字典，再利用 [] 運算子以鍵設值，鍵（key）與值（value）之間以冒號元素（:）分開，資料之間必須以逗號（,）隔開，字典要取得其對應值，如同串列一樣，只是將索引值改成 key 名稱。例如：

```
dict1 = {"Name":"Python", "Version":"1.0", …}
dict1["Version"]
```

要修改字典的元素值必須針對「鍵」設定新值，才能取代原先的舊值。例如：

```
dic={'name':'陳大貴 ', 'year': '1965', 'school':'清華大學 '}
dic['name']= ' 朱安德 '
print(dic)
```

也就是說，如果有相同的「鍵」卻被設定不同的「值」，則只有最後面的「鍵」所對應的「值」有效，前面的「鍵」將被覆蓋。如果要新增字典的鍵值對，只要加入新的鍵值即可。語法如下：

```
dic={'name':'陳大貴 ', 'year': '1965', 'school':'清華大學 '}
dic['city']= ' 新竹 '
print(dic)
```

各位建立字典之後，可以搭配 get() 方法來回傳 key 對應的值，或者以 clear()
方法清除字典所有內容，字典與串列一樣，皆提供函數以及方法使用，常見函數：

函式	參數	用途
cmp（dict1, dict2）	dict1、dict2 – 字典	比較兩邊字典的元素
len（dict）	dict– 字典	計算字典元素個數，即 key 的總數
str（dict）		以字串的方式輸出字典的 key:value

而方法包含：

方法	參數	用途
dict.clear()		清空字典
dict.copy()		複製字典
dict.fromkeys(seq[, value])	seq –key 串列 value – 可選。設置 value，預設為 None	創建一個新字典
dict.get(key, default = None)	key – 欲搜尋的 key default – 若 key 不存在，設置預設值（None）	返回欲搜尋 key 的值，若不存在，則返回預設值

key in dict		key 若存在於字典返回 True，反之為 False。例如：
		
		`>>> "Mon" in ["Mon","Tue","Fri"]`
		`True`
		`>>> "Sun" not in ["Mon","Tue","Fri"]`
		`True`

dict.items()		以列表包裹元組方式返回鍵值
dict.setdefault(key, default = None)	key – 欲搜尋的 key default – 若 key 不存在，設置預設值（None）	與 get() 方法相似，差別 key 不存在，setdefault() 方法將會自動添加 key，value 為預設值

方法	參數	用途
dict.update(dict2)	dict2 – 字典	將字典的 key:value 更新到另一個字典當中
dict.pop(key[, default])	key – 欲刪除的 key default – 若 key 不存在，設置預設值	刪除 key:value 並返回被刪除的 value

◉ 搜尋元素值 - get()

　　get() 方法會以鍵（key）搜尋對應的值（value），但是如果該鍵不存在則會回傳預設值，但如果沒有預設值就傳回 None，例如：

```
dic1={"name":"陳大貴 ", "year": "1965", "school":" 清華大學 "}
chen=dic1.get("name")
print(chen) # 印出陳大貴
paper=dic1.get("color")
print(paper) # 印出 None
paper=dic1.get("color","Gold")
print(paper) # 印出 Gold
```

```
陳大貴
None
Gold
```

◉ 移除元素 -pop()

　　pop() 方法可以移除指定的元素，例如：

```
dic1={"name":" 陳大貴 ", "year": "1965", "school":" 清華大學 "}
dic1.pop("year")
print(dic1)
```

執行結果

```
{'name': '陳大貴', 'school': '清華大學'}
```

◉ 更新或合併元素 -update()

update() 方法可以將兩個 dict 字典合併，格式如下：

```
dict1.update(dict2)
```

dict1 會與 dict2 字典合併，如果有重複的值，括號內的 dict2 字典元素會取代 dict1 的元素，例如：

```
dic1={"name":" 陳大貴 ", "year": "1965", "school":" 清華大學 "}
dic2={"school":" 北京清華大學 ", "degree":" 化工博士 "}
dic1.update(dic2)
print(dic1)
```

執行結果

```
{'name': ' 陳大貴 ', 'year': '1965', 'school': ' 北京清華大學 ', 'degree': ' 化工博士 '}
```

◉ items()、keys() 與 values()

items() 方法是用來取 dict 物件的 key 與 value，keys() 與 values() 這兩個方法是分別取 dict 物件的 key 或 value，回傳的型態是 dict_items 物件，例如：

```
dic1={"name":" 陳大貴 ", "year": "1965", "school":" 清華大學 "}
print(dic1.items())
print(dic1.keys())
print(dic1.values())
```

執行結果

```
dict_items([('name', ' 陳大貴 '), ('year', '1965'), ('school', ' 清華大學 ')]
dict_keys(['name', 'year', 'school'])
dict_values([' 陳大貴 ', '1965', ' 清華大學 '])
```

10-1-2　基金操作績效資料分析

接下來要示範的例子是從已知的 Excel 工作表，並利用 openpyxl 套件的 load_workbook() 方法載入該 Excel 活頁簿檔案，這個檔案包括「基金操作績效資料分析」模擬賽的相關資訊，我們會將這個活頁簿的資料，以一種字典的方式來儲存，之後再從字典中所讀取的資料進行加總的資料統計工作，並將所計算而得的統計資訊，寫入到另外一張全新的活頁簿檔案。這個檔案主要包括 7 個欄位，主要記錄「基金操作績效」模擬賽的相關資訊，這個來源工作表的 7 個欄位所記錄的內容的 Excel 檔案外觀如下：

範例檔案：invest_contest.xlsx

	A	B	C	D	E	F	G
1	各隊編號	報名隊名	老師編號	指導老師	獲利基數	基數金額	獲利金額
2	1	財運旺旺	TE001	許伯如	16	2500	40000
3	1	財運旺旺	TE001	許伯如	24	2000	48000
4	1	財運旺旺	TE001	許伯如	36	1800	64800
5	2	福星高照	TE001	許伯如	48	2000	96000
6	2	福星高照	TE001	許伯如	25	2500	62500
7	3	五路財神	TE001	許伯如	28	2000	56000
8	3	五路財神	TE001	許伯如	36	2400	86400
9	3	五路財神	TE001	許伯如	30	2500	75000
10	3	五路財神	TE001	許伯如	24	3000	72000
11	4	所向無敵	TE002	吳建文	108	3500	378000
12	4	所向無敵	TE002	吳建文	115	3500	402500
13	4	所向無敵	TE002	吳建文	148	2500	370000
14	4	所向無敵	TE002	吳建文	128	2400	307200
15	4	所向無敵	TE002	吳建文	90	2500	225000
16	5	一飛衝天	TE002	吳建文	90	2000	180000
17	5	一飛衝天	TE002	吳建文	110	2000	220000
18	5	一飛衝天	TE002	吳建文	40	2500	100000
19	6	成功達陣	TE003	陳昭蓉	18	2500	45000
20	6	成功達陣	TE003	陳昭蓉	48	1900	91200
21	6	成功達陣	TE003	陳昭蓉	36	2000	72000
22	7	正常發揮	TE003	陳昭蓉	46	1900	87400
23	7	正常發揮	TE003	陳昭蓉	70	1900	133000
24	7	正常發揮	TE003	陳昭蓉	40	1900	76000
25	8	財金美女	TE003	陳昭蓉	86	2000	172000
26	8	財金美女	TE003	陳昭蓉	112	2000	224000

其中各欄位的記錄資訊說明如下：

● A 欄：為各比賽隊伍的編號

● B 欄：為各比賽隊伍的報名隊名

- C欄：為各比賽隊伍的指導老師的編號
- D欄：為各比賽隊伍的指導老師的名字
- E欄：為各比賽隊伍每一次的獲利基數
- F欄：為各比賽隊伍的一個獲利基數的金額大小
- G欄：為各比賽隊伍的每次參賽的獲利金額

10-1-3　解讀統計資料分析總表的執行結果

這個例子我們希望利用 Python 來讀取工作表內容，並進行統計分析，並以一種總表的方式來加以呈現這些重要的資訊，各位的主要工作是統計各隊的獲利金額及列出每一位參賽的指導老師所指導隊伍的獲利金額，再將這些計算而得的最終數值，以全新工作表來加以填入，當在指定儲存格位置填入數值後，並完成相關設定工作之後，請以另外一個檔案名稱來加以儲存。

下圖就是本章所討論的「基金操作績效資料分析」的最後統計資料分析總表：

	A	B	C	D	E	F
1	指導老師	指導隊名	獲利基數	各隊績效	總基數	帶領績效
2	許伯如	財運旺旺	76	152800	267	600700
3		福星高照	73	158500		
4		五路財神	118	289400		
5	吳建文	所向無敵	589	1682700	829	2182700
6		一飛衝天	240	500000		
7	陳昭蓉	成功達陣	102	208200	456	900600
8		正常發揮	156	296400		
9		財金美女	198	396000		
10					總金額	3684000

Sheet

10-1-4　完整程式碼及程式解析

要完成這個「基金操作績效資料分析」如上圖的工作表的專案的彙總統計總表，必須有幾大階段的工作要進行：

◯ **階段 1.** 匯入 openpyxl 套件，這個 Python 的 openpyxl 模組可用來讀取或寫入 Office Open XML 格式的 Excel 檔案。

● **階段 2.** 利用 openpyxl.load_workbook() 載入 Excel 活頁簿檔案，並設定一個 wb 變數來接收這個活頁簿物件。接著必須以該活頁簿物件的「active」屬性將作用工作表的資料表內容設定給一個 target 變數。

● **階段 3.** 建立一個空白字典，並以迴圈的程式技巧從所匯入的 Excel 工作表讀取資料，並存入字典的變數。

● **階段 4.** 新建另一個活頁簿檔案，再依序在指定的儲存格位置，填入標題、相關數據及彙總資訊，最後再將程式的執行結果以另外一個新檔名加以儲存。

　　底下為本研究案例完整的程式碼：

範例程式：invest.py

```
01   import openpyxl    #匯入 openpyxl 套件
02
03   wb=openpyxl.load_workbook("invest_contest.xlsx") #載入 Excel 活頁簿檔案
04   target=wb.active #將作用工作表內容設定給 target 變數
05
06   my_dict={}    #初始化字典
07   #從 invest_contest 工作表讀取資料，並存入字典的變數
08   for row in range(2,target.max_row+1):       #從工作第二列開始讀取到最後一列
09       teacher_no=target["C"+str(row)].value #讀取指導老師編號
10       team_no=target["A"+str(row)].value   #讀取參賽隊伍各隊編號
11       unit=target["E"+str(row)].value   #讀取獲利基數
12       money=target["G"+str(row)].value #讀取每一個獲利基數的金額
13       '''
14       setdefault 方法會以指導老師編號作為鍵，再以 fullname、
15       unit、money 作為值來建立字典
16       '''
17       my_dict.setdefault(teacher_no, {"fullname":target["D"+
18       str(row)].value, "unit":0, "money":0})
19       '''
20       #如果指導老師編號作為鍵的字典沒有 team_no( 各隊編號 )，
21       #就新增 team_no 鍵，再設定該隊 fullname、unit、money 的初始值
```

```
22          '''
23          my_dict[teacher_no].setdefault(team_no, {"fullname":
24          target["B"+str(row)].value, "unit":0, "money":0})
25
26          my_dict[teacher_no][team_no]["unit"]+=int(unit) #加總各隊的獲利基數
27          my_dict[teacher_no][team_no]["money"]+=int(money) #加總各隊的獲利金額
28          my_dict[teacher_no]["unit"]+=int(unit) #加總指導老師的所有隊伍獲利基數
29          my_dict[teacher_no]["money"]+=int(money) #加總指導老師的所有隊伍獲利金額
30
31   new_wb=openpyxl.Workbook() #新建活頁簿
32   new_target=new_wb.active #設定作用工作表物件名稱
33
34   #輸出工作表的標題列
35   new_target["A1"].value=" 指導老師 "
36   new_target["B1"].value=" 指導隊名 "
37   new_target["C1"].value=" 獲利基數 "
38   new_target["D1"].value=" 各隊績效 "
39   new_target["E1"].value=" 總基數 "
40   new_target["F1"].value=" 帶領績效 "
41
42
43   row=2 #從第二列開始填入各種統計資料
44   for teacher in my_dict.values():
45       #在指定儲存格寫入老師名稱
46       new_target["A"+str(row)].value=teacher["fullname"]
47       #在指定儲存格寫入該位老師所帶隊伍的總基數
48       new_target["E"+str(row)].value=teacher["unit"]
49       #在指定儲存格寫入該位老師帶領績效
50       new_target["F"+str(row)].value=teacher["money"]
51       #以迴圈寫入各隊的隊名、獲利基數、各隊績效
52       for team in teacher.values():
53           if isinstance(team,dict):
54               for item in team.values():
55                   new_target["B"+str(row)].value=team["fullname"]
```

```python
56              new_target["C"+str(row)].value=team["unit"]
57              new_target["D"+str(row)].value=team["money"]
58          row +=1
59
60  #統計這次比賽所有隊伍的獲利績效總金額
61  new_target["E"+str(row)].value="總金額"
62  new_target["F"+str(row)].value="=SUM(F2:F"+str(row-1)+")"
63
64  #將程式的執行結果以另外一個新檔名加以儲存
65  new_wb.save("invest_report.xlsx")
```

執行結果

	A	B	C	D	E	F	G	H
1	指導老師	指導隊名	獲利基數	各隊績效	總基數	帶領績效		
2	許怡如	財運旺旺	76	152800	267	600700		
3		福星高照	73	158500				
4		五路財神	118	289400				
5	吳建文	所向無敵	589	1682700	829	2182700		
6		一飛衝天	240	500000				
7	陳昭蓉	成功達陣	102	208200	456	900600		
8		正常發揮	156	296400				
9		財金美女	198	396000				
10					總金額	3684000		
11								
12								
13								

Sheet

程式解析

* 第 1 行：載入 openpyxl 套件。

* 第 3 行：利用 openpyxl.load_workbook() 函數開啓「invest_contest.xlsx」活頁簿檔案，這個檔案主要包括 7 個欄位，主要記錄「基金操作績效」模擬賽的相關資訊。

* 第 4 行：由於「invest_contest.xlsx」Excel 檔案只有一張工作表，當檔案被開啓後，會預設開啓這張工作表，因此在第 4 行程式碼，以一個變數來選取這張工作表。

* 第 6 行：初始化字典，它會建立一個空白字典，並將從 invest_contest 工作表讀取資料存入這個字典的變數。

* 第 8 行：從工作表第二列開始讀取到最後一列。

* 第 9~12 行：分別讀取指導老師編號、參賽隊伍各隊編號、獲利基數、每一個獲利基數的金額。

* 第 17~18 行：setdefault 方法會以指導老師編號作為鍵，再以 fullname、unit、money 作為值來建立字典。

* 第 23~24 行：如果指導老師編號作為鍵的字典沒有 team_no（各隊編號），就新增 team_no 鍵，再設定該隊 fullname、unit、money 的初始值。

* 第 26 行：加總各隊的獲利基數。

* 第 27 行：加總各隊的獲利金額。

* 第 28 行：加總指導老師所有隊伍的獲利基數。

* 第 29 行：加總指導老師所有隊伍的獲利金額。

* 第 31 行：建立一張新的空白活頁簿檔案。

* 第 32 行：設定作用工作表物件的變數名稱。

* 第 35~40 行：輸出新的工作表的標題列名稱，共有 6 欄。

* 第 43 行：從第二列開始填入各種統計資料。

* 第 46 行：在指定儲存格寫入老師名稱。

* 第 48 行：在指定儲存格寫入該位老師所帶隊伍的總基數。

* 第 50 行：在指定儲存格寫入該位老師帶領績效。

* 第 52~58 行：以迴圈在指定的儲存格位置寫入各隊的隊名、獲利基數、各隊績效。

* 第 61~62 行：統計這次比賽所有隊伍的獲利績效總金額。

* 第 65 行：利用 save() 方法將程式的執行結果以另外一個新的 Excel 活頁檔名加以儲存。

10-2 股票交易及企業營運績效圖表

我們可以利用 openpyxl 函式庫結合 python 程式語言來協助繪製圖表，我們可以繪製的圖表種類包括：長條圖、橫條圖、堆疊長條圖、堆疊橫條圖、圓餅圖、折線圖、區域圖、雷達圖…等。

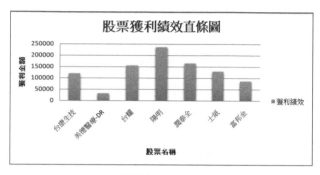

▲ 圖表類型：長條圖

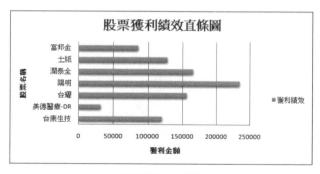

▲ 圖表類型：橫條圖

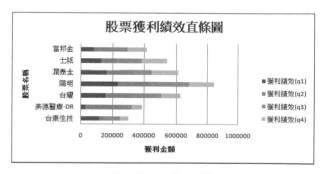

▲ 圖表類型：堆疊橫條圖

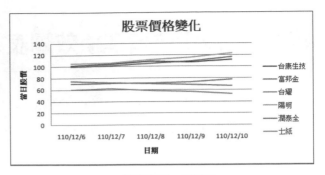

▲圖表類型：折線圖

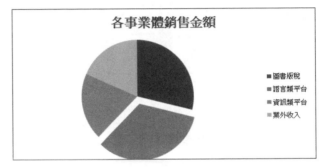

▲圖表類型：圓餅圖

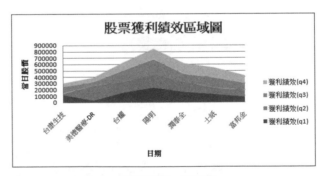

▲圖表類型：區域圖

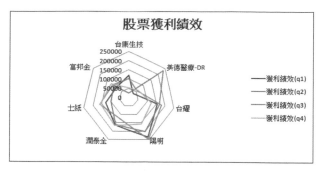

▲ 圖表類型：雷達圖

本單元中將以各種實例說明如何繪製這些圖表，每一個例子中除了會展示各種 Excel 的原始資料來源外，也會將經程式實作後所呈現的圖表外觀的執行結果供各位查看。

10-2-1　圖表繪製前置工作―匯入對應的函式庫

因為每一種圖表所需要的函數庫有所不同，因此在不同圖表的例子中，各位要特別注意要依圖表的種類匯入不同的函式庫。舉例來說，如果要繪製長條圖（Bar Chart），在程式中除了要匯入 openpyxl 套件之外，還必須將 openpyxl.chart 套件中載入 BarChart,Reference 這兩個類別，因此在程式一開始要匯入的函式庫的語法如下：

```
import openpyxl
from openpyxl.chart import BarChart, Reference
```

各位可能有點疑問，為何已經匯入完整的 openpyxl 套件，還必須下達上述第二行程式碼，其實第二行 python 語法指令其目的是要求從 openpyxl.chart 載入 BarChart、Reference 這兩個類別，因為這種語法可以幫助各位從指定的模組載入指定的類別或函數，當我們分別將這些要使用的類別事先載入的最大好處是，可以讓程式變得更加簡易呼叫，有助於各位在撰寫程式時以更精簡的方式來呼叫該類別的方法。例如如果要建立長條圖呼叫 BarChart()，就可以將程式碼以較簡潔的方式寫成如下的程式碼：

```
chart=BarChart()
```

但是如果你的程式中只有載入 openpyxl 套件，就必須寫出完整的類別來源，上面的程式碼就必須修正如下：

```
chart=openpyxl.chart.BarChart()
```

再舉一個例子，如果要繪製圓餅（Pie Chart）圖，在程式中除了要匯入 openpyxl 套件之外，還必須將 openpyxl.chart 套件中載入 PieChart, Reference 這兩個類別，因此在程式一開始要匯入的函式庫的語法如下：

```
import openpyxl
from openpyxl.chart import PieChart, Reference
```

10-2-2　獲利績效長（橫）條圖與堆疊長條圖

當我們在繪製長條圖時，除了預設的長條圖外觀之外，我們也可以先建立 BarChart 類別的物件，並配合 Reference 類別來取得參照的資料範圍，就可以利用所建立的 BarChart 類別物件所賦予的屬性來進行長條圖外觀樣式的設定，其中的「type」屬性如果指定為 "col" 代表繪製「長條圖」，但「type」屬性如果指定為 "bar" 代表繪製「橫條圖」。

另外還有「style」屬性可以設定不同的數值，不同數值代表不同的樣式顏色外觀。如果要指定圖表的標題或 X/Y 軸的標題則必須透過「title」、「x_axis.title」、「y_axis.title」等屬性進行設定。

接著示範如何將各種已獲利股票的投資績效繪製成長條圖，這個例子會使用到的 Excel 範例檔案及範例程式如下：

範例檔案：stock.xlsx

	A	B	C
1	股票代號	股票名稱	獲利績效
2	6589	台康生技	120000
3	9103	美德醫療-DR	31900
4	4746	台耀	156110
5	2609	陽明	234800
6	2915	潤泰全	165000
7	1903	士紙	128000
8	2881	富邦金	86000

範例程式：barchart.py

```python
01  import openpyxl
02  from openpyxl.chart import BarChart, Reference
03
04  wb=openpyxl.load_workbook("stock.xlsx") #載入 Excel 活頁簿檔案
05  target=wb.active #將作用工作表內容設定給 target 變數
06  #設定要繪製直條圖的資料參考範圍
07  money=Reference(target,min_col=3,max_col=3,min_row=1,max_row=target.max_row)
08  #設定要繪製直條圖的分類參考範圍
09  stock_sort=Reference(target,min_col=2,max_col=2,min_row=2,max_row=target.max_row)
10  chart=BarChart()   #建立空白的直條圖
11  chart.type="col"   #設定統計圖表的類型
12  chart.style=28     #設定統計圖表的樣式
13  chart.title="股票獲利績效直條圖"   #統計圖表的標題名稱
14  chart.x_axis.title="股票名稱"      #統計圖表的 X 軸標題名稱
15  chart.y_axis.title="獲利金額"      #統計圖表的 Y 軸標題名稱
16  #將資料參考範圍加入圖表，並令第一列為圖示名稱
17  chart.add_data(money,titles_from_data=True)
18  #新增類別物件，以作為圖表的分類
19  chart.set_categories(stock_sort)
20  #將圖表插入工作表中的 A10 儲存格位置
21  target.add_chart(chart,"A10")
22  #將程式的執行結果以另外一個新檔名加以儲存
23  wb.save("stock_barchart.xlsx")
```

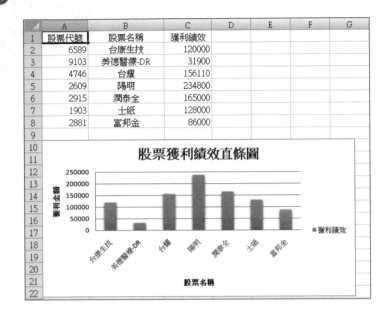

超高效！Python×Excel資料分析自動化：輕鬆打造你的完美工作法！

程式解析

＊ 第1行：載入 openpyxl 套件。

＊ 第2行：從 openpyxl.chart 套件載入 BarChart 類別和 Reference 類別。

＊ 第4~5行：開啟 stock.xlsx 活頁簿檔案，由於這個 Excel 檔案只有一張工作表，當檔案被開啟後，會預設開啟這張工作表，因此在第5行程式碼，以一個變數來選取這張工作表。

＊ 第7行：設定資料範圍來源。

＊ 第9行：設定類別範圍來源。

＊ 第10行：建立空白長條圖物件，並將建立的長條圖物件命名為 chart。

＊ 第11~15行：圖表的屬性設定，包括長條圖的類型、樣式、圖表標題、X軸標題、Y軸標題等。

＊ 第17行：以 add_data() 方法為 chart 物件新增資料，這個方法的第二個參數「titles_from_data=True」表示原始工作表資料第一列的欄標題，在圖表繪製的過程中會自動轉換成該長條圖的圖例名稱。

* 第 19 行：以 set_categories() 方法新增類別物件，以作爲圖表的分類。

* 第 21 行：將 add_chart() 將圖表插入工作表中的 A10 儲存格位置。

* 第 23 行：利用 save() 方法將程式的執行結果以另外一個新檔名加以儲存。

　　如果各位要繪製橫條圖，只要上面的程式範例中的「type」屬性指定爲 "bar"
就可以輕易產生出橫條圖。這個例子會使用到的 Excel 範例檔案及範例程式如下：

範例檔案：stock.xlsx

	A	B	C
1	股票代號	股票名稱	獲利績效
2	6589	台康生技	120000
3	9103	美德醫療-DR	31900
4	4746	台耀	156110
5	2609	陽明	234800
6	2915	潤泰全	165000
7	1903	士紙	128000
8	2881	富邦金	86000

範例程式：barchart1.py

```
01  import openpyxl
02  from openpyxl.chart import BarChart, Reference
03
04  wb=openpyxl.load_workbook("stock.xlsx") #載入 Excel 活頁簿檔案
05  target=wb.active #將作用工作表內容設定給 target 變數
06  #設定要繪製直條圖的資料參考範圍
07  money=Reference(target,min_col=3,max_col=3,min_row=1,max_row=target.max_row)
08  #設定要繪製直條圖的分類參考範圍
09  stock_sort=Reference(target,min_col=2,max_col=2,min_row=2,max_row=target.max_row)
10  chart=BarChart()    #建立空白的直條圖
11  chart.type="bar"    #設定統計圖表的類型
12  chart.style=28      #設定統計圖表的樣式
13  chart.title="股票獲利績效直條圖 "   #統計圖表的標題名稱
14  chart.x_axis.title="股票名稱 "       #統計圖表的 X 軸標題名稱
15  chart.y_axis.title="獲利金額 "       #統計圖表的 Y 軸標題名稱
16  #將資料參考範圍加入圖表，並令第一列爲圖示名稱
```

```
17  chart.add_data(money,titles_from_data=True)
18  #新增類別物件，以作為圖表的分類
19  chart.set_categories(stock_sort)
20  #將圖表插入工作表中的A10儲存格位置
21  target.add_chart(chart,"A10")
22  #將程式的執行結果以另外一個新檔名加以儲存
23  wb.save("stock_horizontalbarchart.xlsx")
```

執行結果

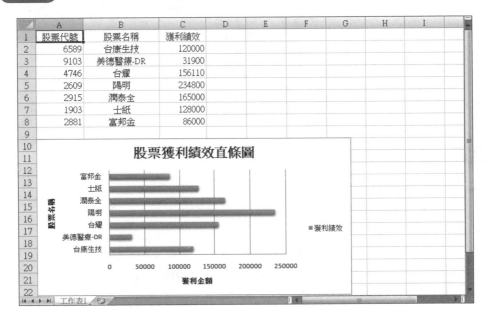

另外如果繪製堆疊長條圖，除了必須將「type」屬性指定為 "col" 之外，還必須將「grouping」屬性指定為 "stacked"。當我們「grouping」屬性指定為 "percentStacked" 就可以繪製具有百分比佔比的堆疊直條圖。這個例子會使用到的 Excel 範例檔案及範例程式如下：

範例檔案：stock1.xlsx

	A	B	C	D	E	F
1	股票代號	股票名稱	獲利績效(q1)	獲利績效(q2)	獲利績效(q3)	獲利績效(q4)
2	6589	台康生技	120000	25000	102500	54600
3	9103	美德醫療-DR	31900	234566	56000	65400
4	4746	台耀	156110	168000	180000	124000
5	2609	陽明	234800	201400	246000	158700
6	2915	潤泰全	165000	160000	120000	168400
7	1903	士紙	128000	98000	160000	156420
8	2881	富邦金	86000	102540	108700	120000

工作表1

範例程式：barchart2.py

```
01  import openpyxl
02  from openpyxl.chart import BarChart, Reference
03
04  wb=openpyxl.load_workbook("stock1.xlsx")  # 載入 Excel 活頁簿檔案
05  target=wb.active  # 將作用工作表內容設定給 target 變數
06  # 設定要繪製直條圖的資料參考範圍
07  money=Reference(target,min_col=3,max_col=6,min_row=1,max_row=target.max_row)
08  # 設定要繪製直條圖的分類參考範圍
09  stock_sort=Reference(target,min_col=2,max_col=2,min_row=2,max_row=target.max_row)
10  chart=BarChart()   # 建立空白的直條圖
11  chart.type="bar"   # 設定統計圖表的類型
12  chart.grouping="stacked"   # 堆疊長條圖
13  chart.title=" 股票獲利績效直條圖 "   # 統計圖表的標題名稱
14  chart.x_axis.title=" 股票名稱 "       # 統計圖表的 X 軸標題名稱
15  chart.y_axis.title=" 獲利金額 "        # 統計圖表的 Y 軸標題名稱
16  chart.overlap=100
17  # 將資料參考範圍加入圖表，並令第一列為圖示名稱
18  chart.add_data(money,titles_from_data=True)
19  # 新增類別物件，以作為圖表的分類
20  chart.set_categories(stock_sort)
21  # 將圖表插入工作表中的 A10 儲存格位置
22  target.add_chart(chart,"A10")
23  # 將程式的執行結果以另外一個新檔名加以儲存
24  wb.save("stock_stackbarchart.xlsx")
```

10-2-3　洞察股票價格變化折線圖

　　折線圖（line chart）是由許多資料點用直線連接形成的統計圖表，將這些資料點連線起來就會是一條折線。要繪製折線圖必須在程式中除了要匯入 openpyxl 套件之外，還必須將 openpyxl.chart 套件中載入 LineChart, Reference 這兩個類別，因此在程式一開始要匯入的函式庫的語法如下：

```
import openpyxl
from openpyxl.chart import LineChart, Reference
```

　　底下範例就是利用利用折線圖表現股價的變化，這個例子會使用到的 Excel 檔案及範例程式如下：

範例檔案：stock_week.xlsx

	A	B	C	D	E	F	G
1	日期	台康生技	富邦金	台耀	陽明	潤泰全	士紙
2	110/12/6	102	70	60	105	100	75
3	110/12/7	105	71	62	106	102	72
4	110/12/8	109	71.5	58	112	105	71
5	110/12/9	107	73	57	115	109	69
6	110/12/10	112	78	53	123	116	67

工作表1

範例程式：linechart.py

```
01  import openpyxl
02  from openpyxl.chart import LineChart, Reference
03
04  wb=openpyxl.load_workbook("stock_week.xlsx") # 載入 Excel 活頁簿檔案
05  target=wb.active # 將作用工作表內容設定給 target 變數
06  # 設定要繪製圖表的資料參考範圍
07  price=Reference(target,min_col=2,max_col=7,min_row=1,max_row=target.max_row)
08  # 設定要繪製圖表的分類參考範圍
09  stock_sort=Reference(target,min_col=1,min_row=2,max_row=target.max_row)
10  chart=LineChart()   # 建立折條圖
11  chart.title=" 股票價格變化 "  # 統計圖表的標題名稱
12  chart.x_axis.title=" 日期 "       # 統計圖表的 X 軸標題名稱
13  chart.y_axis.title=" 當日股價 "       # 統計圖表的 Y 軸標題名稱
14  # 將資料參考範圍加入圖表，並令第一列為圖示名稱
15  chart.add_data(price,titles_from_data=True)
16  # 新增類別物件，以作為圖表的分類
17  chart.set_categories(stock_sort)
18  # 將圖表插入工作表中的指定儲存格位置
19  target.add_chart(chart,"A10")
20  # 將程式的執行結果以另外一個新檔名加以儲存
21  wb.save("stock_linechart.xlsx")
```

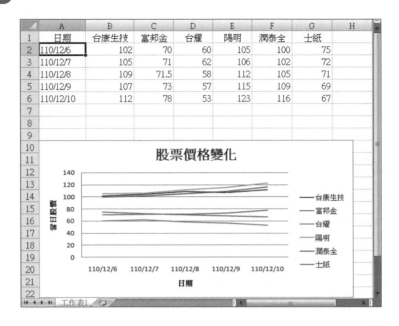

程式解析

* 第 1 行：載入 openpyxl 套件。

* 第 2 行：從 openpyxl.chart 套件載入 LineChart，類別和 Reference 類別。

* 第 4~5 行：開啓 stock_week 活頁簿檔案，由於這個 Excel 檔案只有一張工作表，當檔案被開啓後，會預設開啓這張工作表，因此在第 5 行程式碼，以一個變數來選取這張工作表。

* 第 7 行：設定資料範圍來源，這個指令會參照工作表的 B 到 G 欄的資料範圍。

* 第 9 行：設定類別範圍來源，這個指令會參照工作表的 A2 到 A 欄最後一列。

* 第 10 行：建立折條圖物件，並將建立的折條圖物件命名爲 chart。

* 第 11~13 行：圖表的屬性設定，包括圖表標題、X 軸標題、Y 軸標題等。

* 第 15 行：以 add_data() 方法爲 chart 物件新增資料，這個方法的第二個參數「titles_from_data=True」表示原始工作表資料第一列的欄標題，在圖表繪製的過程中會自動轉換成圖例名稱。

* 第 17 行：以 set_categories() 方法新增類別物件，以作爲圖表的分類。

* 第 19 行：將 add_chart() 將圖表插入工作表中的 A10 儲存格位置。

* 第 21 行：利用 save() 方法將程式的執行結果以另外一個新檔名加以儲存。

10-2-4 各事業體收入佔比圖餅圖

圓餅圖是一種外觀被劃分為幾個切開的扇形的圓形統計圖表，這些扇區合在一起剛好是一個完全的圓形。用於描述量、頻率或百分比之間的相對關係。在圓餅圖中，每個扇區大小為其所表示的數量的比例。

要繪製圖餅圖必須在程式中除了要匯入 openpyxl 套件之外，還必須將 openpyxl.chart 套件中載入 PieChart, Reference 這兩個類別，因此在程式一開始要匯入的函式庫的語法如下：

```
import openpyxl
from openpyxl.chart import PieChart, Reference
```

底下範例就是利用利用圖餅圖表現一家中小型企業的不同收入來源的佔比，並以圓餅圖來加以呈現，這個例子會使用到的 Excel 檔案及範例程式如下：

範例檔案：product.xlsx

範例程式：piechart.py

```
01  import openpyxl
02  from openpyxl.chart import PieChart, Reference
03
04  wb=openpyxl.load_workbook("product.xlsx") #載入 Excel 活頁簿檔案
05  target=wb.active #將作用工作表內容設定給 target 變數
06  #設定要繪製圖表的資料參考範圍
```

```
07  sales=Reference(target,min_col=2,min_row=1,max_row=target.max_row)
08  #設定要繪製圖表的分類參考範圍
09  kind=Reference(target,min_col=1,min_row=2,max_row=target.max_row)
10  chart=PieChart()   #建立圖餅圖
11  chart.title=" 各事業體銷售金額 "   #圖表的標題名稱
12  #將資料參考範圍加入圖表，並令第一列為圖示名稱
13  chart.add_data(sales,titles_from_data=True)
14  #新增類別物件，以作為圖表的分類
15  chart.set_categories(kind)
16
17  #將圖表插入工作表中的指定儲存格位置
18  target.add_chart(chart,"A10")
19  #將程式的執行結果以另外一個新檔名加以儲存
20  wb.save("piechart.xlsx")
```

執行結果

程式解析

＊ 第 1 行：載入 openpyxl 套件。

* 第 2 行：從 openpyxl.chart 套件載入 PieChart 類別和 Reference 類別。

* 第 4~5 行：開啓 product.xlsx 活頁簿檔案，由於這個 Excel 檔案只有一張工作表，當檔案被開啓後，會預設開啓這張工作表，因此在第 5 行程式碼，以一個變數來選取這張工作表。

* 第 7 行：設定資料範圍來源，這個指令會參照工作表的資料範圍。

* 第 9 行：設定類別範圍來源。

* 第 10 行：建立圖餅圖物件，並將建立的圖餅圖物件命名爲 chart。

* 第 11 行：圖表標題的屬性設定。

* 第 13 行：以 add_data() 方法爲 chart 物件新增資料，這個方法的第二個參數「titles_from_data=True」表示原始工作表資料第一列的欄標題，在圖表繪製的過程中會自動轉換成圖例名稱。

* 第 15 行：以 set_categories() 方法新增類別物件，以作爲圖表的分類。

* 第 18 行：將 add_chart() 將圖表插入工作表中的 A10 儲存格位置。

* 第 20 行：利用 save() 方法將程式的執行結果以另外一個新檔名加以儲存。

　　請注意，在繪製圖餅圖時，如果希望指定扇形脫離圓餅圖，還必須藉助 DataPoint 類別，這個類別有兩個參數，第一個參數爲 idx，它是一個索引值，可以用來設定到底哪一個扇形要脫離圖餅圖。第二個參數爲 explosion，可以指定一個數值給這個參數，所傳達給程式的指令是指示這個扇形脫離圖餅圖的程度大小，數值越大脫離的程度就會更拉開。

範例程式：piechart1.py

```
01  import openpyxl
02  from openpyxl.chart import PieChart, Reference
03  from openpyxl.chart.series import DataPoint
04
05  wb=openpyxl.load_workbook("product.xlsx") # 載入 Excel 活頁簿檔案
06  target=wb.active # 將作用工作表內容設定給 target 變數
07  # 設定要繪製圖表的資料參考範圍
08  sales=Reference(target,min_col=2,min_row=1,max_row=target.max_row)
```

```
09  #設定要繪製圖表的分類參考範圍
10  kind=Reference(target,min_col=1,min_row=2,max_row=target.max_row)
11  chart=PieChart()  #建立圖餅圖
12  chart.title=" 各事業體銷售金額 "  #圖表的標題名稱
13  #將資料參考範圍加入圖表，並令第一列為圖示名稱
14  chart.add_data(sales,titles_from_data=True)
15  #新增類別物件，以作為圖表的分類
16  chart.set_categories(kind)
17
18  unit=DataPoint(idx=1,explosion=20)
19  chart.series[0].data_points=[unit]
20
21
22  #將圖表插入工作表中的指定儲存格位置
23  target.add_chart(chart,"A10")
24  #將程式的執行結果以另外一個新檔名加以儲存
25  wb.save("piechart1.xlsx")
```

執行結果

程式解析

* 第 1 行：載入 openpyxl 套件。

* 第 2 行：從 openpyxl.chart 套件載入 PieChart 類別和 Reference 類別。

* 第 5~6 行：開啟「product.xlsx」活頁簿檔案，由於這個 Excel 檔案只有一張工作表，當檔案被開啟後，會預設開啟這張工作表，因此在第 6 行程式碼，以一個變數來選取這張工作表。

* 第 8 行：設定資料範圍來源，這個指令會參照工作表的資料範圍。

* 第 10 行：設定類別範圍來源。

* 第 11 行：建立圖餅圖物件，並將建立的圖餅圖物件命名為 chart。

* 第 12 行：圖表標題的屬性設定。

* 第 14 行：以 add_data() 方法為 chart 物件新增資料，這個方法的第二個參數「titlcs_from_data=True」表示原始工作表資料第一列的欄標題，在圖表繪製的過程中會自動轉換成圖例名稱。

* 第 16 行：以 set_categories() 方法新增類別物件，以作為圖表的分類。

* 第 18~19 行：設定圖表的分離程度。

* 第 23 行：將 add_chart() 將圖表插入工作表中的 A10 儲存格位置。

* 第 25 行：利用 save() 方法將程式的執行結果以另外一個新檔名加以儲存。

10-2-5 各季股票操作績效平面（及 3D）區域圖

區域圖的外觀有點像結合長條圖及折線圖兩種圖形的特性所形成的圖形。要繪製區域圖必須在程式中除了要匯入 openpyxl 套件之外，還必須將 openpyxl.chart 套件中載入 AreaChart, Reference 這兩個類別，因此在程式一開始要匯入的函式庫的語法如下：

```
import openpyxl
from openpyxl.chart import AreaChart, Reference
```

區域圖軸和行之間的區域填滿色彩，以表示數量，這種圖形的特性強調隨著時間的變化大小，而且可用來強調跨趨勢的總計值。

底下範例就是利用區域圖來表現股票獲利績效，這個例子會使用到的 Excel 檔案及範例程式如下：

範例檔案：stock1.xlsx

	A	B	C	D	E	F
1	股票代號	股票名稱	獲利績效(q1)	獲利績效(q2)	獲利績效(q3)	獲利績效(q4)
2	6589	台康生技	120000	25000	102500	54600
3	9103	美德醫療-DR	31900	234566	56000	65400
4	4746	台耀	156110	168000	180000	124000
5	2609	陽明	234800	201400	246000	158700
6	2915	潤泰全	165000	160000	120000	168400
7	1903	士紙	128000	98000	160000	156420
8	2881	富邦金	86000	102540	108700	120000

工作表1

範例程式：areachart.py

```
01  import openpyxl
02  from openpyxl.chart import AreaChart, Reference
03
04  wb=openpyxl.load_workbook("stock1.xlsx") #載入 Excel 活頁簿檔案
05  target=wb.active #將作用工作表內容設定給 target 變數
06  #設定要繪製圖表的資料參考範圍
07  price=Reference(target,min_col=3,max_col=6,min_row=1,max_row=target.max_row)
08  #設定要繪製圖表的分類參考範圍
09  stock_sort=Reference(target,min_col=2,max_col=2,min_row=2,max_row=target.max_row)
10  chart=AreaChart()   #建立圖
11  chart.grouping="stacked"
12  chart.title="股票獲利績效區域圖"  #統計圖表的標題名稱
13  chart.x_axis.title="日期"        #統計圖表的 X 軸標題名稱
14  chart.y_axis.title="當日股價"      #統計圖表的 Y 軸標題名稱
15  #將資料參考範圍加入圖表，並令第一列為圖示名稱
16  chart.add_data(price,titles_from_data=True)
17  #新增類別物件，以作為圖表的分類
18  chart.set_categories(stock_sort)
```

```
19    #將圖表插入工作表中的指定儲存格位置
20    target.add_chart(chart,"A10")
21    #將程式的執行結果以另外一個新檔名加以儲存
22    wb.save("stock_areachart.xlsx")
```

執行結果

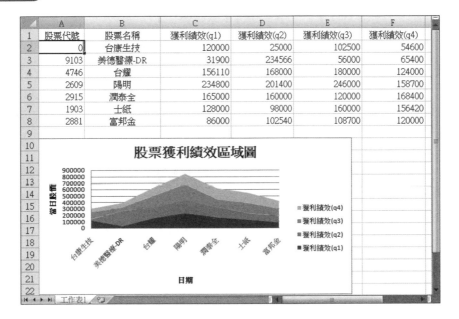

程式解析

* 第 1 行：載入 openpyxl 套件。

* 第 2 行：從 openpyxl.chart 套件載入 AreaChart 類別和 Reference 類別。

* 第 4~5 行：開啟「stock1.xlsx」活頁簿檔案，由於這個 Excel 檔案只有一張工作表，當檔案被開啟後，會預設開啟這張工作表，因此在第 5 行程式碼，以一個變數來選取這張工作表。

* 第 7 行：設定要繪製圖表的資料參考範圍。

* 第 9 行：設定要繪製圖表的分類參考範圍。

* 第 10 行：建立區域圖物件，並將建立的區域圖物件命名為 chart。

* 第 11~14 行：圖表的屬性設定，包括圖表標題、X 軸標題、Y 軸標題…等。

* 第 16 行：以 add_data() 方法為 chart 物件新增資料，這個方法的第二個參數「titles_from_data=True」表示原始工作表資料第一列的欄標題，在圖表繪製的過程中會自動轉換成圖例名稱。

* 第 18 行：以 set_categories() 方法新增類別物件，以作為圖表的分類。

* 第 20 行：將 add_chart() 將圖表插入工作表中的 A10 儲存格位置。

* 第 22 行：利用 save() 方法將程式的執行結果以另外一個新檔名加以儲存。

區域圖有區分為平面區域圖及立體區域體，立體區域圖的繪製方式跟平面區域圖相同，只是將 AreaChart 改為 AreaChart3D 而已。語法如下：

```
import openpyxl
from openpyxl.chart import AreaChart3D, Reference
```

底下範例就是利用立體區域圖表現股票投資總淨利隨時間變化的資料，可以在區域圖中繪製，藉此強調總投資效益。這個例子會使用到的 Excel 檔案及範例程式如下：

範例檔案：stock1.xlsx

	A	B	C	D	E	F
1	股票代號	股票名稱	獲利績效(q1)	獲利績效(q2)	獲利績效(q3)	獲利績效(q4)
2	6589	台康生技	120000	25000	102500	54600
3	9103	美德醫療-DR	31900	234566	56000	65400
4	4746	台耀	156110	168000	180000	124000
5	2609	陽明	234800	201400	246000	158700
6	2915	潤泰全	165000	160000	120000	168400
7	1903	士紙	128000	98000	160000	156420
8	2881	富邦金	86000	102540	108700	120000

工作表1

範例程式：areachart3D.py

```
01  import openpyxl
02  from openpyxl.chart import AreaChart3D, Reference
03
04  wb=openpyxl.load_workbook("stock1.xlsx")  #載入 Excel 活頁簿檔案
05  target=wb.active  #將作用工作表內容設定給 target 變數
06  #設定要繪製圖表的資料參考範圍
```

超高效！Python×Excel 資料分析自動化：輕鬆打造你的完美工作法！

```
07   price=Reference(target,min_col=3,max_col=6,min_row=1,max_row=target.max_row)
08   #設定要繪製圖表的分類參考範圍
09   stock_sort=Reference(target,min_col=2,max_col=2,min_row=2,max_row=target.max_
     row)
10   chart=AreaChart3D()   #建立圖
11   chart.grouping="stacked"
12   chart.title="股票獲利績效區域圖"   #統計圖表的標題名稱
13   chart.x_axis.title="日期"         #統計圖表的 X 軸標題名稱
14   chart.y_axis.title="當日股價"      #統計圖表的 Y 軸標題名稱
15   #將資料參考範圍加入圖表，並令第一列為圖示名稱
16   chart.add_data(price,titles_from_data=True)
17   #新增類別物件，以作為圖表的分類
18   chart.set_categories(stock_sort)
19   #將圖表插入工作表中的指定儲存格位置
20   target.add_chart(chart,"A10")
21   #將程式的執行結果以另外一個新檔名加以儲存
22   wb.save("stock_areachart3D.xlsx")
```

執行結果

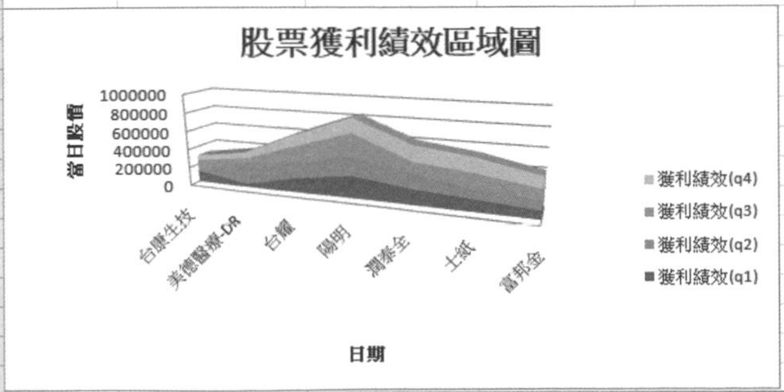

程式解析

* 第 1 行：載入 openpyxl 套件。

* 第 2 行：從 openpyxl.chart 套件載入 AreaChart3D 類別和 Reference 類別。

* 第 4~5 行：開啟「stock1.xlsx」活頁簿檔案，由於這個 Excel 檔案只有一張工作表，當檔案被開啟後，會預設開啟這張工作表，因此在第 5 行程式碼，以一個變數來選取這張工作表。

* 第 7 行：設定要繪製圖表的資料參考範圍。

* 第 9 行：設定要繪製圖表的分類參考範圍。

* 第 10 行：建立立體區域體物件，並將建立的立體區域體命名為 chart。

* 第 11~14 行：圖表的屬性設定，包括圖表標題、X軸標題、Y軸標題…等。

* 第 16 行：以 add_data() 方法為 chart 物件新增資料，這個方法的第二個參數「titles_from_data=True」表示原始工作表資料第一列的欄標題，在圖表繪製的過程中會自動轉換成圖例名稱。

* 第 18 行：以 set_categories() 方法新增類別物件，以作為圖表的分類。

* 第 20 行：將 add_chart() 將圖表插入工作表中的 A10 儲存格位置。

* 第 22 行：利用 save() 方法將程式的執行結果以另外一個新檔名加以儲存。

10-2-6　一眼看出投資效益的雷達圖

雷達圖（Radar Chart，也稱蜘蛛圖極坐標圖），雷達圖也經常被應用在數據分析的圖表產出的種類之一。從雷達圖繪製出來的外觀來看，它從中心點向外發散圍成多邊形的形狀，可以用來展示每個變數的數據大小。在雷達圖中可以看出各種類別的變化情況，當該類別的數值越大時，在圖形外觀的呈現上會和中心點的距離就更大，該類別在雷達圖所形成的多邊形面積就會越大。以下圖為例當某一位分析師的各種類股的投資效益越接近時，在雷達圖中所繪製出來的圖形就會越接近正多邊形。

要繪製雷達圖必須在程式中除了要匯入 openpyxl 套件之外，還必須將 openpyxl.chart 套件中載入 RadarChart, Reference 這兩個類別，因此在程式一開始要匯入的函式庫的語法如下：

```
import openpyxl
from openpyxl.chart import RadarChart, Reference
```

底下範例就是利用利用雷達圖表現股票投資效益，這個例子會使用到的 Excel
檔案及範例程式如下：

範例檔案：**stock1.xlsx**

	A	B	C	D	E	F
1	股票代號	股票名稱	獲利績效(q1)	獲利績效(q2)	獲利績效(q3)	獲利績效(q4)
2	6589	台康生技	120000	25000	102500	54600
3	9103	美德醫療-DR	31900	234566	56000	65400
4	4746	台耀	156110	168000	180000	124000
5	2609	陽明	234800	201400	246000	158700
6	2915	潤泰全	165000	160000	120000	168400
7	1903	士紙	128000	98000	160000	156420
8	2881	富邦金	86000	102540	108700	120000

工作表1

範例程式：**radarchart.py**

```
01  import openpyxl
02  from openpyxl.chart import RadarChart, Reference
03
04  wb=openpyxl.load_workbook("stock1.xlsx") #載入 Excel 活頁簿檔案
05  target=wb.active #將作用工作表內容設定給 target 變數
06  #設定要繪製圖表的資料參考範圍
07  price=Reference(target,min_col=3,max_col=6,min_row=1,max_row=target.max_row)
08  #設定要繪製圖表的分類參考範圍
09  stock_sort=Reference(target,min_col=2,max_col=2,min_row=2,max_row=target.max_row)
10  chart=RadarChart()  #建立圖
11  chart.grouping="stacked"
12  chart.title="股票獲利績效"  #統計圖表的標題名稱
13  #如果多設定 chart.type="filled"，則會在每一個多邊形的內部區域填滿色彩
14  #將資料參考範圍加入圖表，並令第一列為圖示名稱
15  chart.add_data(price,titles_from_data=True)
16  #新增類別物件，以作為圖表的分類
17  chart.set_categories(stock_sort)
```

```
18   #將圖表插入工作表中的指定儲存格位置
19   target.add_chart(chart,"A10")
20   #將程式的執行結果以另外一個新檔名加以儲存
21   wb.save("stock_radarchart.xlsx")
```

執行結果

程式解析

* 第1行：載入 openpyxl 套件。

* 第2行：從 openpyxl.chart 套件載入 RadarChart 類別和 Reference 類別。

* 第4~5行：開啟「stock1.xlsx」活頁簿檔案，由於這個 Excel 檔案只有一張工作表，當檔案被開啟後，會預設開啟這張工作表，因此在第5行程式碼，以一個變數來選取這張工作表。

* 第7行：設定要繪製圖表的資料參考範圍。

* 第9行：設定要繪製圖表的分類參考範圍。

* 第10行：建立雷達圖物件，並將建立的雷達圖物件命名為 chart。

* 第11~12行：圖表的屬性設定，包括圖表分組方式、圖表標題等。

＊第 15 行：以 add_data() 方法為 chart 物件新增資料，這個方法的第二個參數「titles_from_data=True」表示原始工作表資料第一列的欄標題，在圖表繪製的過程中會自動轉換成圖例名稱。

＊第 17 行：以 set_categories() 方法新增類別物件，以作為圖表的分類。

＊第 19 行：將 add_chart() 將圖表插入工作表中的 A10 儲存格位置。

＊第 21 行：利用 save() 方法將程式的執行結果以另外一個新檔名加以儲存。

MEMO

超高效！Python×Excel資料分析自動化：輕鬆打造你的完美工作法！

MEMO

MEMO

超高效！Python×Excel資料分析自動化：輕鬆打造你的完美工作法！

讀者回函

讀者回函

GIVE US A PIECE OF YOUR MIND

感謝您購買本公司出版的書，您的意見對我們非常重要！由於您的建議，我們才得以不斷地推陳出新，繼續出版更實用、精緻的圖書。因此，請填妥下列資料(也可直接貼上名片)，寄回本公司(免貼郵票)，您將不定期收到最新的圖書資料！

購買書號： **書名：**

姓　　名：_____

職　　業：□上班族　□教師　□學生　□工程師　□其它

學　　歷：□研究所　□大學　□專科　□高中職　□其它

年　　齡：□10~20　□20~30　□30~40　□40~50　□50~

單　　位：_____ 部門科系：_____

職　　稱：_____ 聯絡電話：_____

電子郵件：_____

通訊住址：□□□ _____
_____

您從何處購買此書：

□書局 _____ □電腦店 _____ □展覽 _____ □其他 _____

您覺得本書的品質：

內容方面：　□很好　　□好　　□尚可　　□差

排版方面：　□很好　　□好　　□尚可　　□差

印刷方面：　□很好　　□好　　□尚可　　□差

紙張方面：　□很好　　□好　　□尚可　　□差

您最喜歡本書的地方：_____

您最不喜歡本書的地方：_____

假如請您對本書評分，您會給(0~100分)：_____ 分

您最希望我們出版那些電腦書籍：

請將您對本書的意見告訴我們：

您有寫作的點子嗎？□無　□有　專長領域：_____

歡迎您加入博碩文化的行列哦！

✂ 請沿虛線剪下寄回本公司

博碩文化網站　　http://www.drmaster.com.tw

（...有限公司 產品部

...正區新台五路一段112號10樓A棟

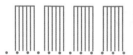

如何購買博碩書籍

全 省書局

請至全省各大書局、連鎖書店、電腦書專賣店直接選購。

（書店地圖可至博碩文化網站查詢，若遇書店架上缺書，可向書店申請代訂）

信 用卡及劃撥訂單（優惠折扣85折，未滿1,000元請加運費80元）

請於劃撥單備註欄註明欲購之書名、數量、金額、運費，劃撥至

帳號：17484299 戶名：博碩文化股份有限公司，並將收據及

訂購人連絡方式傳真至(02)26962867。

線 上訂購

請連線至「博碩文化網站 http://www.drmaster.com.tw」，於網站上查詢

優惠折扣訊息並訂購即可。